人格 | 了解自我 洞悉他人的 心理学

韩雅男·著

中国纺织出版社有限公司

内容提要

人格是由人格面具构成的,每个人都有许多不同的人格面具,以适应不同的情境。适应能力强、心理健康的人,人格面具之间的关系是和谐统一、融洽友好的。如果人格面具之间是相互对立的,当矛盾达到一定程度时,内心就会产生冲突,在行为模式上出现问题。本书介绍了13种人格类型,其中绝大多数都是较为常见的,每位读者都能够从中瞥见自己的影子,并通过对内容的学习更好地理解面具下的思维和言行。同时,书中也着重介绍了一些比较危险的人格,希望帮助读者在生活中提高辨识力,更好地保护自己。

图书在版编目(CIP)数据

人格:了解自我洞悉他人的心理学/韩雅男著. --北京:中国纺织出版社有限公司,2022.3
ISBN 978-7-5180-2557-2

Ⅰ.①人… Ⅱ.①韩… Ⅲ.①人格心理学—通俗读物 Ⅳ.①B848-49

中国版本图书馆CIP数据核字(2021)第279573号

责任编辑:郝珊珊　　责任校对:高　涵　　责任印制:储志伟

中国纺织出版社有限公司出版发行
地址:北京市朝阳区百子湾东里A407号楼　邮政编码:100124
销售电话:010—67004422　传真:010—87155801
http://www.c-textilep.com
中国纺织出版社天猫旗舰店
官方微博 http://weibo.com/2119887771
天津千鹤文化传播有限公司印刷　各地新华书店经销
2022年3月第1版第1次印刷
开本:880×1230　1/32　印张:6.5
字数:142千字　定价:42.80元

凡购本书,如有缺页、倒页、脱页,由本社图书营销中心调换每个人都是独一无二的,我们经常会说这句话,但人与人之间的差异表现在哪里,又是怎样形成的,却鲜少有人能够给出合理的解释。不仅如此,我们还可能会对个体之间的差异产生严重的误解,继而引发冲突、隔阂与痛苦。

不只是看不懂他人,有时我们甚至连自己也看不清楚:不明白为何总在不快乐、没有成就感的漩涡里徘徊;在感情中一次次地被他人伤害;任何风吹草动都会让内心变得紧张不安;期待被身边的人认可,不自觉地开启讨好模式……还有些时候,我们以为自己知道自己行为的原因是什么,其实只是误解。

人的复杂之处,就在于思维、情感与行为之间经常会出现不一致的情况。正因为此,我们才有必要学习和了解人格心理学,这对于自我完善、心理疗愈、理解他人,乃至提升洞察力、实现安全有效社交,都有积极而重要的意义。

那么,到底什么是人格呢?

人格是构成一个人的思想,情感及行为的特有统合模式,这个独特模式包含了一个人区别于他人的,稳定而统一的心

序言

人性皆有裂痕,那是光照进来的地方

理品质。听起来比较晦涩，或许借助荣格的人格面具理论来诠释，会更容易理解一些：人格是由人格面具构成的，每个人都有许多不同的人格面具，以适应不同的情境。从某种意义上来说，成长就是不断形成人格面具的过程。适应能力强、心理健康的人，人格面具之间的关系是和谐统一、融洽友好的。如果人格面具之间是相互对立的，当矛盾达到一定程度时，内心就会产生冲突。

在处理内心冲突的时候，人们常用的方法有三种：压制、分裂与整合。

压制某一个人格面具，无法让这个面具真正消失，只能把它压到潜意识里，但稍不留神它就会冒出来。由于是无意识的，所以我们很难觉察到。这也是为什么有些时候我们无法解释自己做出的某些行为？

在正常情况下，不同的人格面具之间是相互关联而又有区别的，这叫作分化。如果把两个人格面具分裂，避免两个面具同时出场，结果你应该能够猜测到，人会反复无常、出尔反尔，前一秒匆忙地作了决定，后一秒就开始反悔。

人格面具多，证明分化得好，但这不是心理健康的唯一标准。除了分化以外，整合也很重要。如果人格面具之间都是疏离的，人格就会支离破碎；如果人格面具之间都是对立的，内心就会不断地产生冲突。所以，无论是心理咨询还是心理治疗，都是对人格面具进行整合。

通过对荣格人格面具理论的了解，我们应当能够领悟到一个真相：人格特质本身没有好坏之分，没有必要排斥或压抑任何一个人格面具，无论它是不是自己喜欢的。因为每个面具都有存在的理由，也有适用的情境，懂得恰当地利用，都可以给我们带来益处，这也是人格健全的表现。只有当某一人格面具过于明显或过于固化，无法适应不同的情况，让自己或他人（或两者）难以忍受时，这一人格面具才会成为一种障碍，而我们真正要关注的是这一倾向。

这就好比，每个人或多或少都有点自恋的人格特质，这是对自己存在的肯定。成熟的自恋是心理健康的基础，无论外界对自己的评价如何，内在自我始终都相信自己是有价值的。如果自恋过了头，认为自己比周围的人都完美，强迫别人认可自己，无根据地夸大自己的才干与成就，认为自己的想法是特殊的，应当享有他人没有的特权……而在这种自大之下，又长期体验着脆弱的低自尊，那么就属于自恋型人格障碍了。

没有人会主动选择人格障碍，它通常都是遗传性和成长经历的混合产物。拒绝接受人格障碍对任何人而言都没有好处，更好地了解人格障碍、接受人格障碍，才能够以恰当的方式去应对它，才能更好地认识自己、了解他人。

当我们能够剖析自己的人格特质，觉察到令自己或身边人感到困扰的根源，识别出被压抑的人格面具，接纳它们的存在，不再排斥或回避，知晓它只对某些特定的情境作出反应时，可以让我们减少许多不必要的内心冲突和痛苦，改善思考问题、处理问题的行为模式，获得心智上的成长，实现与自我的和谐相处。

在认识人格、剖析自我的过程中，我们也能够间接地学会洞悉他人，知晓不同人格类型的人思考和处事方式的差异，给予理解与尊重，并根据对方的人格特质采取不同的应对方式，与之更好地相处。

本书中介绍的人格类型，多数都是比较常见的，我们或多或少都能够在自己或身边人身上瞥见它们的影子。当然，也有极少数人格特质是不太常见却极具危害性的，之所以要把这部分内容呈现出来，是为了让读者也能够了解、辨识和闪避严重的人格障碍者设下的危险圈套，保护自己免受伤害。近两年网络上曝光的江歌案、翟欣欣骗婚、北大女生遭男友精神控制自杀案等事件，都是值得警醒的前车之鉴。

真心地希望，每一位手捧这本书的读者朋友，都能够学会用不加评判的视角去看待自己的人格特质，接纳真实的、明亮与阴影共存的自己，尊重并理解他人与自己的不同，活出灵动而舒展的人生。正所谓，万物皆有裂痕，那是光照进来的地方。

韩雅男

2021 年初冬

目录
CONTENTS

PART 01
焦虑型人格
危险尚未降临，
我已惶恐不安

令人窒息的母爱 / 3
随时都可能有坏事发生 / 5
理性的自我对话 / 9
与焦虑型人格者的相处法则 / 13

PART 02
抑郁型人格
我的存在，
对世界毫无意义

我的冷美人姨妈 / 19
无意义是我的人生底色 / 21
内摄型 VS 依赖型 / 24
停止自我攻击与反刍 / 28
与抑郁型人格者的相处法则 / 31

PART 03
消极型人格
对你的所有挑剔，
只为反衬我自己

"怪胎"女上司 / 39
贬低他人，衬托自己 / 41
你有你的闪亮，我有我的光芒 / 43
与消极型人格者的相处法则 / 46

PART 04
强迫型人格
如果可以，
我希望一切完美有序

梅尔文的"红舞鞋" / 51
以特定的方式过生活 / 53
强迫型人格障碍 VS 强迫症 / 56
与强迫型人格者相处的法则 / 60

PART 05
讨好型人格
生而为人，
我很抱歉

凪的新生活 / 67
活在别人的世界 / 70
被讨厌的勇气 / 74
与讨好型人格者相处的法则 / 78

PART 06
自卑型人格
我把自己放得很低，
低到尘埃里

填不满的黑洞 / 85
沉重的精神枷锁 / 87
接纳真实的自我 / 92
阻断自卑困扰的练习 / 95
与自卑型人格者相处的法则 / 99

PART 07
自恋型人格
我是最好的，
我爱因为我被爱

自恋的"女王" / 103
我和别人"不一样" / 105
自恋创伤 VS 自恋放纵 / 108
走出病态自恋的沼泽 / 111
与自恋型人格者相处的法则 / 114

PART 08
被动攻击型人格
我很不满，
却不敢直接表达愤怒

拖延背后的愤怒 / 121
用隐蔽的方式攻击 / 122
诚实而积极地看待自己 / 124
与被动攻击型人格者相处的法则 / 127

PART 09
表演型人格
为求关注，
我要不遗余力地表演

办公室里的"戏精" / 133
不遗余力地时刻表演 / 135
没有掌声也要从容前行 / 137
与表演型人格者相处的法则 / 138

| 目录

PART 10
控制型人格
给你温柔关怀，
让我成为你的主宰

以爱之名的伤害 / 143
披着羊皮的狼 / 144
隐性攻击者的策略 / 147
与控制型人格者相处的法则 / 151

PART 11
偏执型人格
心怀恶意的人太多，
我不得不时刻提防

噩梦已终结 / 157
每个人都跟我过不去 / 160
改造非理性观念 / 163
与偏执型人格者相处的法则 / 167

PART 12
边缘型人格
被抛弃的恐惧，
让我歇斯底里

天使与魔鬼之间 / 173
稳定的"不稳定" / 175
并非生来如此 / 178
缺席不意味着抛弃 / 179
与边缘型人格者相处的法则 / 183

PART 13
反社会人格
不动声色，
就能将你的生活毁灭

行走在身边的恶魔 / 189
当良知沉睡 / 190
反社会人格的成因 / 193
与反社会人格者相处的法则 / 195

后　记 / 198

PART 01

焦虑型人格

危险尚未降临，我已惶恐不安

人们以为自己知道自己行为的原因是什么，其实许多行为的原因人们并不知道。

——斯金纳

令人窒息的母爱

苏珂发来消息，说早晨和妈妈大吵一架，对她爆了粗口，夺门而出。

这样的情景算不得什么新鲜事，在我苏珂认识的11年里，类似的事情循环上演，每次的表象不同，究其根源却如出一辙。这次的争吵，是因为苏珂的工作问题。

苏珂在一家医疗科技企业就职，负责推广宣传新型的胶囊胃镜。近期，苏珂做了一份详尽的推广方案，深得领导认可，公司也准备启动这一方案。她换上新买的套装，满心欢喜地准备吃早餐，不料被紧皱眉头的妈妈泼了一盆冷水："你们这个胶囊胃镜，到底安不安全？你联系了合作方，万一出了事故，你负得起责任吗？"苏珂一再强调，他们的产品绝对有安全保证，且是院方的医务人员操作，可妈妈就是揪着这个问题不放，最后话锋一转，开始了人身攻击："你就是想法太简单了，告诉你，凡事不要得意得太早，说不定……"

这番话惹毛了苏珂，她吼道："你是不是就盼着我出点什么事儿呢？但凡我干成点事情，你就觉得有个坑等着我，你这种人简直是……（一连几句粗口。）"说完，她摔门而去。

从我认识苏珂时起，她妈妈给我的印象就是一副忧心忡忡的样子，任何风吹草动都会让她心烦意乱、焦躁不安。苏珂上班必须每天按时按点回家，一旦比平时晚了十几分钟，她妈妈就会不停地打电话，生怕她在路上遭遇车祸。公司举办庆功晚宴，苏珂刚打电话给家里告知情况，妈妈就坐立不安了，询问具体的地点、参加人员，千叮咛万嘱咐。然后，隔1个小时就打个电话询问。即便苏珂想跟同事多玩会儿，也由不得她，过了夜里11点，妈妈就直接开车去了她告知的地方，生怕她发生意外。

如果只是担心苏珂的人身安危，这或许还能够理解，可她似乎在任何事情上都无法控制这种担心。出门旅行，她会提前一周做好所有的出行计划，包括乘坐哪趟列车、住哪家酒店、吃哪家餐厅，必须保证明确无误；到了出行那天，她总是提前3小时出门，哪怕从自己家到火车站只有1小时的地铁路程。如果在旅行地，苏珂临时提出去别的景点，妈妈就会担心不好坐车、找不到吃饭的餐厅，晚上无法按时回到订好的酒店。

妈妈的这种担心，有时也很让苏珂厌烦，毕竟她不是小孩，而今的她已经34岁了。每当苏珂要出差，妈妈都得了解她的出行路线，途中还要打电话询问是否顺利？安全抵达酒店后，她还要操心居住环境是否干净卫生，以及饮食怎么解决等。要是苏珂感到身体不适，她在言语上就会显得紧张不安，根据苏珂的症状去揣测她是患了某种疾病，且是很严重的那种。

我还记得那是5年前，我和苏珂约好去厦门玩。原本定的是火车票，但由于时间紧促，就临时改成了飞机票。落地打开手机后，苏珂的手机接到多条信息，就连我的手机也没有幸免。她妈妈竟然也跟她要了我的电话，生怕找不到苏珂，无法实时了解情况。

苏珂至今未婚，因为在选择对象这件事上，她妈妈的忧虑更多，甚至还曾私下约苏珂的交往对象沟通交流，试图掌握对方的情况。苏珂想过"逃离"她妈妈，搬出去住，可又不忍心看到妈妈泪眼婆娑的样子，同时也担心她的身体安危，毕竟她有高血压、哮喘的病史。于是，她们就一直住在同一间房子里，过着相爱相杀的日子。

苏珂说，她也说不清楚母亲的这种担忧从何而来？大概是妈妈很早就失去了父亲，且婚姻也不太幸福，在苏珂10岁时就与其父亲分居，后办理了离婚手续。也许是因为这些经历让她变得焦虑不安，但不管根源是什么，在经历了上一次的吵架事件后，苏珂是真的想劝妈妈去看心理医生了。

随时都可能有坏事发生

《列子·天瑞》里记载了一则故事，说的是杞国有个胆小又神经质的人，经常脑洞大开想一些稀奇古怪的问题，甚至因为担心天塌下来而憔悴不堪，别人怎么劝都无用。这听起来挺可笑的，可在现实中与之相似者大有人在，苏珂的妈妈就是一个例子。

苏珂的妈妈总是紧张不安，在任何一种情况下，她都会习惯性地想到自己、女儿或其他亲近之人可能会面临的风险。在面对不确定的状况时，她会立刻做出最糟糕的假设；在面对将要发生的状况时，她会预测所有的风险，以便更好地控制这些风险。

谨小慎微，防患于未然，当然不是错，这能够帮助我们避免一些意外和灾祸。毕竟，在灾祸面前，我们的生命显得异常脆弱，不堪一击。然而，这并不妨碍我们在大多数时候维持正常的生活，也不妨碍我们对可控的风险采取必要的预防措施。

现实生活中，我们经常检查天然气是否有泄露，开车是否系好了安全带，但我们不会每次出门都担心会发生燃气爆炸，或是在每个拐角处都会发生意外。对于亲人遭遇车祸、家人罹患重疾等小概率事件，如果没有真的发生，很少有人会为它忧思劳苦。如果是延误火车、所到景点没有吃饭的餐厅，这些问题是有点麻烦，但不至于让人持续地焦虑不安。

显然，苏珂的妈妈的表现与上述情形是有区别的，她总是在为那些不太可能发生的小事担忧，并为了预防事情的发生而呈现出紧张不安、焦躁难耐的状态。

· 苏珂晚上 7 点钟没到家——她是不是出了车祸？

· 自己突然流鼻血了——我会不会得了白血病呢？

· 租户痛快地签下合同——对方会不会利用房子做违法的事？

· ……

这种对预期焦虑、对风险的过度关注，表现出了焦虑型人格的特点。焦虑型人格者通常以一个普遍的前提假设来指引生活，这也是他们与非焦虑型人格者在信念上的差别，即："世界充满了危险，我必须时刻小心警惕，避免和控制任何会伤害到我的潜在威胁。"

如何真的发生了不好的情况，焦虑型人格是否无力面对呢？情况并非如此。很多时候，当真正的危险发生时，他们是能够冷静面对的。几年前，苏珂独居的父亲突发了心脏病，打了急救电话后，也通知了苏珂。后续的一系列事务，都是苏珂的妈妈处理的。可即便如此，她还是会为了那些可能发生的问题，以及各种假设的想法，心神不宁。

焦虑的人格特质，在预见风险方面是一种优势。从进化的角度来看，焦虑对生存有重要意义，比如：打猎时要小心翼翼，寻找较为安全的路线，时刻警惕野兽的出没；焦虑的母亲对孩子更加关注，时刻不离左右，这有助于增加生存和繁衍后代的机会。所以说，适当的焦虑对我们是有益的，尽管它是一种令人不舒服的情绪。

然而，当焦虑的频率和强度超出了正常范围，甚至让人陷入一种随时保持警惕的状态中，那就成了一种障碍。焦虑型人格者就是这样，过分敏感的预警系统，使得他们的身体经常处于一种轻微的恐惧状态中，且对恐惧的反应也比其他人更强烈，任何潜在的威胁都会被他们夸大，让它们看起来就像是真实严峻的危险。

有人把焦虑型人格者比喻成"扫描仪",不断地对周围环境进行扫描,寻找潜在的威胁,有选择性地关注危险信号。他们的恐惧预警系统非常敏感,响铃又快又频繁。如果不能有效地理解、接受和控制焦虑,他们自己会承受巨大的痛苦。毕竟,整天想着可能发生的灾祸,很容易让人精神涣散,辗转难眠。和他们生活在同一屋檐下的人,也会感觉很累很烦,因为他们时常会做出一系列让人感觉难以与之相处的举动:

- 突然间很愤怒、伤害身边的人
- 用不切实际的标准要求自己和他人,给彼此带来压力
- 为了避免犯错,总是推迟决定或行动
- 过分地小心谨慎,限制自己和身边人的行动
- 习惯性地反应过度,并因过激反应导致矛盾冲突
- 自动搜寻一切潜在的威胁
- 过度控制,希望一切都能安稳有序、不出差错

焦虑型人格者的形成,受遗传、环境、教育,以及某些创伤性事件等多方面因素的影响。从精神分析角度来说,有些焦虑型人格者为了日常生活中的各种事件紧张不安,是为了对抗一种更深层的、无意识的焦虑,这种焦虑与其早年经历的某些生活事件有关。正因为此,不少焦虑症患者都渴望进行精神分析治疗,他们希望在跟治疗师的沟通中,能够重新体验过去的情感经历,从而意识到焦虑的根源,真正地解决问题。

生活中比较常见的都是轻微或中度的焦虑型人格者,其行为表现如上文所述。如果焦虑的行为极度严重,达到了由美国

精神医学会撰写的《精神障碍诊断与统计手册》对广泛性焦虑障碍的诊断标准，即：个体在过去六个月中，对难以控制的事件表现出过度的忧虑，表现出以下六种症状中的至少三种——焦躁不安、容易疲惫、明显易怒、肌肉紧张、睡眠障碍、难以集中精神或大脑一片空白，严重影响正常的工作、学习或家庭关系，并造成个体的痛苦。对于这样的情况，不仅要考虑做心理咨询，还要采取药物治疗。通常，只有经验丰富的临床医生，才能够准确地诊断广泛性焦虑障碍，因为这些症状容易混淆，或以不同的方式表现出来。

理性的自我对话

如果你具有焦虑型人格的特点，在意识到肾上腺素的轻微涌动时，该怎么自处呢？

我们在序言里讲过，压抑或排斥任何一个人格面具，都是无益的。就焦虑者而言，要理解并接受自己的这一人格特质，并更加关注身体内的恐惧感。

当你被焦虑裹挟时，你的情绪会比绝大多数人都要强烈，这会严重妨碍你的思考。在此期间，不要去讨论问题，冲动草率地做决策，你需要花费几十分钟的时间，让自己从涌动中恢复过来，回归冷静，再去处理问题。如果在冲动之下选择结束恋情、辞去工作，日后你可能会对自己的行为感到后悔。

当你感到焦虑时，你可以提醒自己："我现在有了焦虑的反应，这是生理机制导致的，不是我不好，这只是我的一部分。我可以控制它，但不会矫枉过正。"把你的担忧和顾虑，说给你信任的人，了解一下别人的感觉。这样的话，有助于调整你对危险的认知，意识到问题没有你想象的那么糟糕。

当你意识到自己开始担忧、痛苦、胡思乱想时，你需要做点儿事情，转移自己的注意力，比如整理房间、衣橱、文件，这能够带来"一切皆在掌握之中"的假象。如果担忧的想法一直萦绕在你的脑海，困扰你的思绪，你可以告诉自己："这不是真的，是我的身体在戏弄大脑，我的生理机制和别人不太一样，事实上并没有危险。"

前面我们说过，焦虑型人格者的思维是由一个信念引起的，即"生活充满了危险，我必须时刻警惕，让它不那么可怕。"事实上，更为贴近现实的假设应当是"有时生活的确存在危险，我应该警惕并做好准备，但不必过分担忧"。然后，试着把注意力放在那些美好的事物上，如绘画、音乐、综艺节目、和朋友聊天等。

转移注意力的过程，涉及理性的自我对话，这是用来帮助焦虑者反思现实的一种方法，让焦虑者以更加现实的眼光去看待事件，质疑那些不合适的解释，尤其是对风险过分夸大的解释，而正是它们导致了焦虑的情绪。

当你感到焦虑时，你可以这样对自己说——

"我的身体正在戏弄我的大脑,让我感到害怕,以为坏事要发生,但这不是真的。"

"我的焦虑正在剥夺我的思考力。"

"我感觉不舒服,或许我可以去整理一下房间。"

"我不会一出现焦虑信号就不安,我可以忍得住。"

"我的焦虑有生理机制的原因,但这只是一部分,我还是要控制焦虑。"

"我不能完全摆脱焦虑,但绝大部分时间里,我是可以控制的。"

"我不用恐慌,因为最坏的事情极少发生。"

还有两种方法,也可以有效地缓释焦虑情绪:

缓解焦虑"三步法"

Step 1:心平气和地分析情况,设想已经出现的问题可能会带来的最坏结果。

Step 2:预估可能造成的最坏结果,做好勇敢承担下来的思想准备。

Step 3:心情平静后,把所有的时间和精力用在排除最坏的结果上。

这三个步骤是处理焦虑情绪的通用方法,因为人在陷入焦虑状态时,集中思维的能力会被破坏。选择强迫终止焦虑,正视现实,准备承担最坏的后果,就可以消除一切模糊不清的念头,让人集中精力去思考解决问题的办法。

情绪 ABC 认知疗法

适应不良的行为与情绪，大都源于适应不良的认知。所谓认知，就是指一个人对某件事、某对象的看法。在进行心理辅导和治疗时，认知重建是非常关键的。对焦虑者而言，也可以学习用认知疗法帮助自己减缓焦虑情绪。

Step 1：梳理诱发事件（A），即任何引起焦虑的情形。

例如："客户对我的新方案提出了修改意见。"

Step 2：整理出由该事件带来的信念（B），即如何评价诱发事件。

例如："我太失败了，是我的能力不行。"

Step 3：评估结果（C），即消极信念导致的消极行为，会带来什么样的结果。

例如："我会提出取消合作，说自己做不来，失去这个大额订单。"

Step 4：驳斥（D），积极驳斥那些非理性信念。

例如："客户没有说过否定我的话，他的态度很真诚，也认可了我的一些想法。也许，他是不太喜欢这种呈现方式，而不是在质疑我的能力。"

Step 5：交换（E），由理性信念带来的积极的新行为结果。

例如："我可以试着突破现在的框架，重新设计一份方案。"

你看，事情本身并没有发生任何变化，但是改变了看待它的方式，就能够对人产生不一样的影响。如果能够及时觉察出自己想法中不合理的成分，及时进行调整，可以帮助我们有效地阻断焦虑情绪的产生，继而减少身心上的无谓消耗。

与焦虑型人格者的相处法则

> **相处法则 1：**
> 不要跟焦虑型人格者分享你担忧的事，或是负面的社会新闻

苏珂在工作上遇到过一个特别难缠的女上司，总是要求她加班，方案不如意就直截了当地批驳，有时还会当众斥责，哪怕问题不全是苏珂的责任。更要命的是，这位女上司一直"打压"苏珂，似乎是担心她会得到大领导的赏识，在职位上和自己平起平坐。

苏珂在工作上生了闷气，顶多是跟朋友说两句，唯独有一次，她不小心在妈妈面前吐露了一句实话："要是再这样下去，我可能得被动离职了。"说完这句话，苏珂就意识到自己犯了"大忌"，因为随之而来的就是妈妈弥漫性的焦虑，她不停地向苏珂发问：

"你真的做好离职的准备了？"

"你想过下一份工作做什么吗？"

"万一求职不顺，岂不是好几个月都得待业了？"

"现在自己缴纳社保多少钱？"

"万一社保中断期，得了疾病怎么办？商业保险的报销都会受影响。"

"是不是要提前上求职网站看看招聘信息？"

苏珂确实犯了一个大忌，跟焦虑型人格者相处，永远都不要跟他们分享自己忧心的事。他们为了自己脑子里的那些可怕的假设都已经疲惫不堪了，一旦发现生活比自己想象中的不确定和危险更多时，无疑是雪上加霜。同时，也要避免跟焦虑型人格者谈论令人不悦的话题，或是一些悲惨的社会新闻，一旦你说了，就算那些事情与我们无关，可对他们而言，提到了危险就相当于身处危险之中，他们会愈发觉得，悲惨事件的发生概率太大了。

> **相处法则 2：**
> **焦虑型人格者喜欢按照计划行事，不喜欢意外的惊喜**

既然不能与焦虑型人格者分享忧心的事，那给他们制造一些惊喜会怎样呢？

也许，你的初衷是好的，但劝你还是不要这样做，这会触动焦虑型人格者的预警系统，让他们产生激烈的情绪。你准备的惊喜，到了他们那里，就变成了惊吓。

来访者莎莎告诉我，丈夫事先没有跟她商议，就把家里的沙发、壁柜全部换新了。他的本意是想让家里焕然一新，让莎莎在出差归来收获一份惊喜。然而，进门之后的莎莎，在看到家里大变样后，是什么感受呢？

莎莎是这样说的："我的心骤然紧了起来，倒不是不喜欢那些家具，而是冒出了一种惊恐的感觉，愣了几秒钟才作出反应。我怕辜负了爱人的心意，嘴上连连说挺好的，可是那天晚上我失眠了，脑子里冒出一连串的问题：换家具不在预算范围内，这些钱要怎么补上？下个月还要家庭出行，会不会因此导致严重透支？是不是应该取消出游计划？这沙发的质量怎么样，他一向不太会挑选东西的……"所以，制造惊喜这样的事情，对于焦虑型格者还是省省吧！

> **相处法则 3：**
> **用焦虑型人格者感到安心的方式合作，减少精力损耗**

新主管上任后，林敏吃了不少的苦头。但凡有点儿风吹草动，新主管就紧张不安，经常随机给林敏部署任务，不仅增加了她的工作量，还打乱了她的许多计划。意识到这一点后，林敏决定不能完全跟着新主管的节奏走了，这样太耗费精力了。

每次接到任务后，林敏第一时间做好完善的计划，给新主管过目，待他确认无误后，严格按照计划执行，并且及时地向他汇报工作进度，让他感受到"一切皆在掌控中"。这样一来，就避免了新主管的"夺命连环追问"，或是一天召开三五次的临时会议。

同时，林敏的做法也让新主管感到安心，忧虑大幅降低，她相信林敏不会是一个制造麻烦的人。其实，不只是针对上司，如果父母、爱人、同事是焦虑型人格者，也要用积极的方式去应对，最好能够准时、及时地回复消息，打消他们的疑虑，有效地改善关系。

> **相处法则 4：**
> **帮助焦虑型人格者改变看问题的视角，降低焦虑水平**

苏珂在生活中经常会做这项工作，比如：出门旅行当天，她们打车去高铁站，尽管已经提早出门，却还是没能躲过因事故导致的堵车。这个时候，苏珂会明显感觉到妈妈的焦虑不安，她嘴里不停地念叨："怎么这么堵呢？不如再早点出来一会儿！万一赶不上那趟车，可就麻烦了啊！"这个时候，苏珂会跟妈妈说："是啊，挺堵的。可就算没赶上那趟车，后果也没那么严重，您不妨看看有什么补救措施？下一个班次最早的是几点？"听到苏珂这样说，妈妈就会意识到，就算赶不上高铁也没那么糟糕，不会带来很大的损失，结果是可以接受。如此，她的注意力就会转移到挽救措施上，开始拿起手机查询，停止"碎碎念"。

焦虑型人格者时刻担心危险发生，处处小心谨慎，经常寻找潜在的问题。这虽然会给他们和周围人带来一些困扰，但如果遇到这样的同事或合作伙伴，也不妨将其视为一种优势，在需要谨慎周密的问题上，让他们来进行具体评估，防范那些可能性较大的潜在危险。要相信，在防患于未然这件事情上，没有谁比他们做得更仔细、更认真，也更值得信任和交付了。

PART 02

抑郁型人格

我的存在，对世界毫无意义

好的人生是一种过程，而不是一种静止的状态，它是一个方向，而不是一个终点。

——罗杰斯

我的冷美人姨妈

在我的印象中,我的姨妈是一个"不会笑"的人。我翻遍脑海中的记忆,怎么都找寻不到她笑起来的模样。我曾以为,可能是自己跟姨妈接触得不够多,只瞥见了她在生活中的某个侧面。然而,当我在表姐家里翻看老照片时,才发现姨妈从年轻的时候起,就是一个"冷美人"。

姥姥养育了 5 个子女,姨妈是老大,下面有 3 个弟弟,我妈妈是家里最小的孩子。妈妈出生时,姨妈已经 14 岁了。姥爷的脾气不好,家里几乎没有人敢招惹他,作为家里的长女,姨妈目睹着姥姥每一次所受的委屈,不知不觉中背负了姥姥的情绪。不仅如此,她还要帮家里干活,照顾弟弟妹妹,我的妈妈几乎就是姨妈亲手带大的。

一个心思细腻的青春少女,每天被琐碎的生活困着,内心渴望把自己的母亲从委屈和痛苦中拯救出来,而自身的力量却是那么渺小,脆弱得不堪一击。她的母亲为了家庭操劳,无暇也不懂得去关注她的感受,大概就是从这个时候开始,姨妈把人生的底色涂成了灰白。

等我对家里的亲戚有了清晰的记忆时,姨妈已经快 50 岁了。

我还记得，那是一个夏日的午后，姨妈坐在家门口的树荫下，见我午睡醒来，轻声地把我叫过去，塞给我2块钱，让我去买冰糕。她很温柔，只是不笑，眼睛盯着远处的田野，不知道在想着什么。

姨妈的家里很整洁，刚搬到新房子时，表哥表姐兴奋不已，姨妈却紧锁眉头，在房子里走来走去，我清晰地听到她对妈妈说，墙壁上有一些裂缝，还是要尽快找人来修整一下。饭后，大人孩子都开始进行娱乐活动，姨妈从来不打牌，也很少看电视，她只是静默地坐在沙发上，看起来有些疲倦，或是眼皮低垂，或是空洞地望着某一个地方，面带忧伤。

姨妈的婚姻生活算不得幸福，姨夫的性格和我的姥爷很像，也是脾气暴躁之人，动不动就对妻儿吼叫。要是他哪天喝了点儿酒，简直就成了一枚不定时"炸弹"。姨妈平时很少串门，她不喜欢去别人家做客，哪怕是自己的兄弟姐妹家，她去的次数也是有限的。

听妈妈说，姨妈在生大表姐的时候遇到了难产，折腾了整整3天。孩子平安降临后，家里人都松了一口气，姨妈的脸上却没有任何初为人母的喜悦。那时候，妈妈也只有十几岁，她尚且不能完全理解姨妈的心情和感受，毕竟大表姐看起来是那么的惹人爱，肉嘟嘟的脸，白皙的皮肤。不过，妈妈也似乎听懂了姨妈私下里对她说的话，以及她心里鲜为人知的感受："人活着太累了，想到这孩子将来也要面对生活中的各种难题，我心里就难受，甚至觉得不该把她带到这个世界上来受苦。"

姨妈喜欢读书，那可能是唯一能够给她带来慰藉的精神食粮了。至今，表姐还留着一本姨妈的读书笔记，她把自己读书时的感触记录下来，只是多数文字都带着阴郁的色彩。我认真地翻看过，感受到的是姨妈对世俗生活的厌倦，以及对自己的不满与失望。她似乎觉得，自己不是一个称职的母亲，没有足够的心理力量去关爱孩子；她也觉得自己是一个不够好的女儿，在姥姥的晚年没能够陪伴在身边，徒留无法挽回的遗憾。

　　在姥姥的 5 个子女中，姨妈是长得最漂亮的，她身材高挑，皮肤细腻，性格也很温柔。其余的几个子女，包括我的妈妈，都遗传了姥爷的暴脾气和固执。也许，姨妈正是把内心的委屈和愤怒都指向了自己，才会在 51 岁就因宫颈癌离世。

　　我没有出席姨妈的葬礼，大抵是因为长辈们不知道如何告诉我要正确地理解死亡。我只记得某一天晚上，妈妈和我之间有过一场简短的对话：

　　——"再也见不到你大姨了，我有点儿想她，你想吗？"
　　——"想。"

无意义是我的人生底色

　　而今回想起姨妈，她还是坐在门前树荫下的那幅温柔模样。

只可惜，我已经没有机会再去拥抱她，与她说上几句贴心的话了。在姨妈51年的生命历程中，极少有人走进她的内心，去理解她的所思所想。

姨妈的一生都活在不快乐中，她也很少去做令自己愉悦的事情，也许在她看来没什么东西是能给人带来惬意的。我不知道她是生性孤独，还是因为觉得自己没有足够的能力与他人相处。她总是会看到事物不好的一面，哪怕是平安地生下健康可爱的孩子、换了一套令旁人艳羡不已的房子，她都无法感受到快乐。在她的眼睛里，生活没有那么美好，而是充满了艰辛。在婚姻中，她始终是付出更多的一方，却没有一句怨言，反倒是把责任都归咎到自己身上，总想着"我做得再好一点，就不会……了"。

时隔多年，在谈到姨妈时，家里人发出过这样的疑问：姨妈是不是患了抑郁症呢？

现在看来，姨妈并不是短暂性的抑郁，而是抑郁型人格，这两者是有区别的。

抑郁症包括心境恶劣（慢性抑郁）和重度抑郁（单次发作、周期性）两种，其中重度抑郁的诊断标准是：在日常生活中有抑郁心境或丧失快乐，以下几项症状中至少有5项，几乎每天都出现，且占据当天大部分的时间，并至少持续2周。

·睡眠减少或增加

·精神运动性迟滞或精神运动性激越

·精力下降

・体重减轻或食欲改变

・感到自己没有价值或是过度内疚

・难以集中注意力、思考或作决策

・反复出现自杀的想法

按照美国精神病学会《精神疾病诊断与统计手册（第四版）》的分类，症状需持续至少2年，才能够被诊断为心境恶劣障碍。遇到心境恶劣障碍的人，一生中罹患重度抑郁症的风险会更高。重度抑郁障碍发作期间，当事人会有严重的功能丧失，如睡眠和饮食受到影响、无法进行正常的工作和学习。不过，重度抑郁障碍或心境恶劣障碍，通常会随着治疗和环境的变化而发生质的变化。一般情况下，非周期性重度抑郁发作往往不超过6个月，只是后续要严防复发。

然而，抑郁型人格是一种特质，具有跨时间和情境的一致性和稳定性。我们可以这样理解，抑郁情绪或抑郁症就像是"心灵上的感冒"，一个生性乐观的人也可能会在生命的某一时间点抑郁发作，而抑郁型人格者未必会经历重度抑郁发作。就像我的姨妈，她一辈子都很少露出笑容，但她只是习惯性地忧郁、闷闷不乐，但她依然有能力把工作处理得很仔细，并照料一家人的生活起居。

那么，抑郁型人格是怎么形成的呢？

遗传因素是不容忽视的，姨妈作为家里的长女，是最早帮助姥姥分忧的孩子，她目睹了姥姥在婚姻中所受的委屈、与生活周旋的疲态，这也成了她在无意识中模仿的范例。另外，严苛又固执的姥爷有着重男轻女的观念，备受轻视和冷落的姨妈，从小就在内心深处形成了一种"我不够好""我无力拯救母亲""我没能力让父亲喜欢自己"的信念，这也对其日后的抑郁型人格产生了一定的影响。

就目前来说，全社会对于抑郁症的关注程度远远高于抑郁型人格，但其实后者同样应当被关注，他们更容易受到长期的、不易察觉的伤害。同时，对抑郁型人格多一些了解，也可以避免盲目的自我诊断或误诊，错把人格特质当成疾病，进行不当的药物治疗。

内摄型 VS 依赖型

试着回想一下，下面描述的想法是否经常在你的脑海中上演？

· 我觉得自己没有多数人那么热爱生活。

· 我有时会觉得自己是家里人的累赘。

· 我经常觉得任何人都比自己强。

· 我经常感到疲惫，无力应对生活。

· 我很容易产生负罪感。

· 我总是不断地想起自己遭遇的失败。

・我在面对令人兴奋的事情时也很难感到喜悦。

・我不愿意参加娱乐活动，哪怕有充裕的时间和精力。

・我不止一次被人说过凡事都喜欢往坏处想。

如果你总是习惯性地忧虑、看到事情不好的一面；在面对令人惬意的情形时依然闷闷不乐；就算受到别人的好评，也无法停止自我贬低；内心深处常常觉得自己不配得到关爱，那就说明你身上具有抑郁型人格的特质。

不过，抑郁型人格也有两种亚型：一种是内摄型，另一种是依赖型。

内摄型——我是罪恶之源

林杉大学毕业后，几经周折才找到现在这份工作，他很想把领导交代的每项任务都做到最好。上周五，领导安排林杉制作一份产品宣传的PPT。他牺牲了周末休息的时间，搜寻了大量的素材，做了一份精美的幻灯片，周一上班后就及时发给了领导。

领导看过后，随口就说了一句："不是我想要的，内容太多，要精简一点。"接着，领导就给林杉讲了制作产品PPT的要义，以及要达成怎样的预期效果？然而，这些话林杉都没怎么听进去，他满脸通红、胸口沉闷，脑子里不断地重复着领导的话——"不是我想要的"。

走出领导的办公室，林杉郁闷不已，他心想："我真是太差劲了，领导只看了一眼就说不是他想要的。也许，之前找不到工作是有原因的，我本来就没有经验，学习能力也不强，能获得现在这个职位可能只是运气使然，如果公司不是急缺人手，我怎么可能有机会呢？"此时的林杉，已无心修改 PPT，往事一幕幕涌上心头，过去那些失败的瞬间，就像定格电影一样浮现在眼前，强烈的挫败感与羞耻感缠绕着他，让他对自己产生了莫名的怨恨。

林杉思考问题的逻辑，完全符合内摄型抑郁人格者的特质。弗洛伊德说过："抑郁是转而向内的愤怒。"在内摄型抑郁人格者看来——发生在自己身上所有不好的事情，都是自己的错，是因为自己不够好，我要为此负全部的责任。他们在人际交往中，很难向他人表达自己的需求和不满，也会极力避免批评他人。在遇到自私或冷漠的同伴时，他们通常难以摆脱，而是会选择以不断改善自己的方式来避免冲突。

为什么不能把愤怒向外释放一些，非要选择自我攻击呢？

我们知道，人类刚出生时是非常脆弱的，需要依赖他人才能存活。如果一个孩子必须依赖的客体（养育者，通常是父母）不够可靠或是对其做出一些伤害性的行为，孩子就必须在接受现实和否认现实之间做出抉择。

试想一下：唯一能够依赖的人不可靠，或是伤害了弱小的自己，这个现实是多么可怕？于是，孩子就否认了这个糟糕的、让自己无能为力的现实——不是父母不够好，是我自己不好，才导致了他们这样对待我。反过来，如果我乖一点，就会符合父母的期待，他们就会喜爱我、欣赏我。

依赖型——我对生活充满了绝望

当只能依赖的父母没有为自己提供良好的关爱与照顾时，选择否认的孩子形成了内摄型抑郁人格，他们会通过把错误归咎于自己、改善自己来让生活重回正轨。

如果孩子选择了接受了现实，又会怎样呢？

一方面，他们渴望得到父母的关爱；另一方面，他们又对自己无能为力，仿佛做什么都没办法吸引父母的注意力。于是，就会陷入无奈和绝望。渐渐地，他们会觉得能否被人关爱，不在于我表现得多好，而是他们能不能够主动发现我的需求并满足我。

依赖型抑郁人格者，内在体验是孤单，害怕被抛弃，总是担心自己不够好，不被喜欢。在人际交往中，他们不太会主动与人搭讪，而是会不断地观察是否有人注意到了自己。如果别人对他表现得不是很热情，没有积极回应他，他就会陷入苦闷。

在亲密关系中，他们常常会把对方当成"唯一的救赎者"，很可能在有了对方之后，其他事情都变得模糊不清了。极有可能，他会一天发几十条消息、打十几通电话，如果没有及时得到回复，就会担心另一半是否不爱自己了，或是讨厌自己了。和这样的恋人相处，令人不堪重负，许多人不是不爱，而是无力承受。

停止自我攻击与反刍

无论是"内摄"型还是"依赖"型的抑郁人格特质，了解自身特质产生的原因，停止向内的自我攻击，都是修正与改善的开始。就内摄型而言，在关系中学会表达愤怒和不满是很关键的，在尝试中慢慢体验，这样的做法并不会摧毁关系，只有把真实的自己展示出来，才能够建立深度的联结。

在感觉自己不够好的时候，要试着多给自己一些宽容，每个人都有局限性，并非全能，也不是努力了就可以控制一切、改变一切。即便做不到完美，也要看到自己在现实层面中取得的成绩。同时，并不是只有获得成功或变得足够优秀才能得到爱，这个世界对我们并没有那么多的要求，真正严苛的审判者是我们自己。

在生活层面上，抑郁型人格者要多见见阳光。相关研究显示，多晒太阳，也有助于冲掉内心的阴霾。不要总是让自己窝在家里，任由情绪支配，多出去走走，接触大自然，尝试融入人群。做这些事情或许不会有立竿见影的效果，但会渐渐地向往外面的世界，减少自我封闭。同时，与人交流也可以学会从不同视角看待问题，而非凡事都只看到负性的一面。

抑郁型人格者多半都具有反刍思维，总是不断地回想和思考负性事件与负性情绪。这会严重地消耗个体的精神能量，削弱其注意力、积极性、主动性以及解决问题的能力。在反刍的过程中，个体也很容易做出错误决策，进一步损害身心健康。过度关注痛苦的经验以及事物的消极面，会损伤情绪，扭曲认知，让人以更加消极的眼光去看待生活，从而感到无助和绝望。如果没有正确的引导，时间久了，很容易演变成抑郁症。

反刍思维，很容易让抑郁型人格者在负面情绪中饱受煎熬，直至活力消耗殆尽，以更加消极破碎的眼光看待一切。那么，该如何打破反刍的循环呢？

方法1：切换反思视角

为了研究人们对痛苦感觉和体验的自我反思过程，科学家们试图找出有益的反省与消极的反刍之间的区别，结果发现：人们对痛苦经历的不同反应，与看待问题的角度有直接关系。

在分析痛苦的经历时，人们倾向于从自我沉浸的视角出发，即以第一人称的视角去看问题，重播事情发生的经过，让情绪强度达到与事件发生时相似的水平。当研究人员要求被试者从自我疏远的角度，即第三人称的角度去看待他们的痛苦经历时，他们会重建对自身体验的理解，以全新的方式去解读整个事件，并得出不一样的结论。由此可见，切换看待问题的视角，从心理上拉开与自我的距离，有助于跳出反刍思维

在实践这一方法时，我们不妨这样做：选择一个舒服的姿势，闭上眼睛回忆当时的情景，把镜头拉远一点，看到自己所处的场景。当你看到自己的时候，再次把镜头拉远，以便看到更大

的背景，假装你是一个陌生人，正在路过事件发生的现场。确保，每次思考这件事时，都使用同样的场景。这样做有助于减少生理应激反应。

方法 2：分散注意力

沉浸在反复回忆痛苦的反刍中时，提醒自己"不要去想"是无效的，而且大量的实验都证明，努力抑制不必要的想法还可能会引起反弹效应，让人不由自主地重复想起那些原本尽力在逃避的东西。事实上，与拼命地压制相比，更为有效的办法是分散注意力。

相关研究显示，通过去做自己感兴趣或需要集中精力完成的任务来分散注意力，如有氧运动、拼图、数独游戏等，可以有效地扰乱反刍思维，并有助于恢复思维的质量，提高解决问题的能力。所以，大家不妨创建一张对自己有效的分散注意力的事件清单，在发现自己陷入反刍中时，立刻去做这些事，阻断反刍。

方法 3：认知重构

当我们感到悲伤或愤怒时，经常会有人这样劝慰我们："去打个沙袋吧！发泄一下。"这样做真的有用吗？有心理学家为此做了一个实验：把愤怒的受试者分成三组：第一组在想起惹自己生气的人时打沙袋；第二组在想起中性话题时打沙袋；第三组什么也不做。结果发现：第一组受试者在打完沙袋以后，变得更加愤怒了，也更想要报复；第三组受试者的愤怒程度更低，表现得最没有攻击性。

通过攻击良性对象来宣泄负面情绪，无法从根本上解决问题，还可能会加强我们的攻击冲动。真正能够帮助我们调节情绪的有效策略，其实是"认知重构"，即在脑海中改变情绪的含义，从积极的角度去解释事件，从而改变我们对现状的感受。

总而言之，有意识地调整消极的认知模式，建立并维系融洽的、支持性的关系，对抑郁型人格者有很大的帮助。抑郁型人格者并不必然意味着低自尊，重要的是学会接纳自我，避免将人格中的抑郁或回避成分泛化成为各种消极因素。

与抑郁型人格者的相处法则

相处法则 1：
共情抑郁型人格者的感受，引导他们发现正向资源

假设小 A 是你的朋友，她最近被委任了一个重要的项目，做好的话可以获得晋升的机会。面对这一挑战，抑郁型人格者小 A 没有信心，觉得自己难以胜任，对晋升加薪的诱惑也不太感兴趣，总想着职位越高压力越大。

在这样的情况下，如果你劝慰小A说："你总是喜欢把事情往坏处想，没试怎么知道结果呢？净在这儿胡思乱想。"很遗憾地告诉你，这样的劝慰非但无效，还会增加小A的挫败感，她会觉得自己不被理解，更加确信自己一无是处。

此时此刻，你要做的是共情小A的感受，先认可她的想法，再引导她换一个视角去审视问题，意识到事情还有积极的一面。比如，你可以这样说："这确实是一项很有挑战性的工作，你的担心也是正常的。不过，以前你好像也遇到过类似的情况，最后不都处理得很好吗？况且，如果你真的无力胜任，老板又怎么会把这么重要的事交给你呢？哪位领导在安排任务之前，不得深思熟虑地考虑一下人员安排呢？"这一系列的反问和疑问，就将小A的注意力从"我压力很大""我难以胜任"的负性思考中转移开来，让她开始关注正向的资源，如"我也做成过一些事""我也不是很差劲""我还是被老板认可的"。

相处法则2：
不指责抑郁型人格者的思想言行，避免说教式的鼓励

有些时候，我们可能"看不惯"抑郁型人格者思考问题的方式，总觉得太过悲观，就忍不住对其进行指责或训诫，说他们"缺乏意志力""凡事都喜欢往坏处想""自寻烦恼"……这样的做法很不可取，他们原本就已经对自己的情况深感内疚和自责了，再听到这样的话，无异于火上浇油、雪上加霜。我们必须明晰一个事实，如果可以选择的话，没有人会主动选择成为抑郁型人格者。对待抑郁型人格者，我们需要心怀慈悲，因为那不都是他们的错。

指责会伤害到抑郁型人格者，那么鼓励是否有益呢？

鼓励，当然是可行的，但讲究方式方法。就如相处法则1中所言，在共情的基础上，引导他们发现正向资源，这就是一种有效的鼓励。如果是说教式的"鸡汤"，如"人活着一定要乐观""你必须振作起来""凡事要想开点儿"，最好还是不要开口了。

在过往的生活中，你应该有过这样的体验：正在为了一件烦心事郁闷不已，心里的苦楚无以言表，此时有人劝你说"想开点儿""这都不是事"，你会作何感想，有感觉被安慰了吗？事实恐怕是相反的，你会更苦闷，觉得世界上没有感同身受这回事，自己的烦恼在别人看来不值一提，说话的人根本不懂你的苦。

相处法则3：
在陪伴抑郁型人格者时，避免被他们的情绪卷入

情绪是会传染的，这一点大家都有所了解。不少人在陪伴抑郁型人格者时，看到他们闷闷不乐的样子，听到那些悲观消极的言语，就不由自主地被他们的情绪卷入，也变得消沉起来，到最后甚至会萌生一种无力感和内疚感，觉得自己无法帮他们分担痛苦。

和抑郁型人格者一起忧伤、裹足不前，对改变现实情况没有任何效用。要知道，他们的忧郁，以及悲观消极的思维，是其人格特质所致，不代表他们真的无力去承担生活、应对问题。如果你被他们的情绪牵连，就真的可能会被带入抑郁情绪的世界。你只要静静地陪伴，聆听他们，不去反驳和指责，适当地做一些引导。

在尊重对方的同时，也要尊重自己对快乐和自由的需要。如果你的伴侣是一个抑郁型人格者，他不乐意出门与人交往，而你愿意走出家门、接触自然、与他人互动，那么你完全可以向对方表达你的真实想法和需求，比如"我知道你可能没心情去爬山，不过我很想这周末去放松一下，希望你也能理解。"同时，你也可以向对方表达一下自己的希望："如果我们能够一起去爬山，我觉得更有意思。可能对你来说不太容易，但我觉得有机会可以尝试一下。"

> **相处法则4：**
> **多在细微处给予抑郁型人格者正向评价，滋养他们的自尊**

雪儿是我的一位朋友，我们不常见面，但时隔一两个月就会发消息互动，分享近期的生活和感触。她是典型的抑郁型人格者，因而每次得知她有尝试做新的事物，如每天散步、开始调整饮食、学习新的课程，我都会立刻对她的行为给予赞赏和肯定，让她知道，我看见了她的努力，也为她的尝试感到高兴。这对雪儿是很受用的，她不止一次在聊天结束之际对我说："每次和你分享完，我都觉得找回了一些力量。"

对抑郁型人格者来说，他们习惯了自我贬低，因此周围人的重视与肯定非常重要。如果能在细微处多给予他们一些正向评价，对他们所做的某些具体行为及时地给予赞赏，就可以有效地滋养他们的自尊，帮助他们改善看待自我、看待世界的视角。谨记，一定要赞赏他们的具体行为，而不是空泛地说一句"你挺优秀的"。

PART 03
消极型人格
对你的所有挑剔,只为反衬我自己

决定我们自身的不是过去的经历,而是我们赋予经历的意义。

——阿德勒

"怪胎"女上司

陈洋离职已有3个月，目前还没有找到合适的新工作。虽然在经济方面有一些压力，可她并不后悔自己的选择。毕竟，和那个"怪胎"一起共事，让陈洋感觉身心俱疲。

陈洋所说的"怪胎"，是她的前任女上司欧阳凌。陈洋并不是那种玻璃心的人，如果真是自己做事有问题，挨批也是心服口服的。让她无法忍受的是，新上任的主管欧阳凌总是为了一些无关大局、不影响整体的小细节，当着所有同事的面指名道姓地说陈洋能力欠佳，还略带嘲讽地说："公司设计部门的王牌，竟然会犯这种低级错误……"即便陈洋的作品得到了客户的赏识与认可，欧阳凌还是会补充一句："采纳我的方案，会比现在的更好。"

公司的领导是欧阳凌的叔父，碍于亲戚关系，她一时半会是不太可能离开公司的。思虑再三，陈洋决定离职。设计工作是"烧脑"的活，需要专注地思考，每天被人横挑鼻子竖挑眼，精力都被浪费了，还要生一肚子闷气。陈洋也尝试过与欧阳凌沟通，结果发现，欧阳凌不是就事论事，她看待问题、看待别人的视角，从来都是偏激又片面的，冷嘲热讽和批评贬低是一种惯性行为。

新人晓露大学刚毕业，原本就是个腼腆的女孩，性格也比较内向。有一次，她早起去给客户送资料，回到公司时已经是9点半了。欧阳凌不问原因，劈头盖脸地就把晓露训了一通："这都几点了你才来？你们家没教育过你守时是美德吗？"晓露委屈得眼泪直打转，她也没有解释说，那份资料对客户有多重要，客户因为她的做法准备再跟公司续合同。

欧阳凌总是摆出一副颐指气使的样子，批评人时直呼大名，话语里还透着一丝羞辱："陈洋，看你做的这设计方案，完全看不出水平高在哪儿？"如果有某位同事真的犯了错，欧阳凌就会狠狠抓住这个机会，让对方感到羞愧："你真的意识到了后果的严重性？如果你意识到了，你怎么还能心安理得地坐在工位上喝咖啡？"

陈洋对自己的要求一向很高，她一直相信："伟大不是领导别人，而是管好自己。"讽刺的是，欧阳凌是一个管不好自己却总惦记着"领导"别人的人。实际上，她的设计才能也就那么回事，在管理方面更是一塌糊涂，行动上没有给团队树立榜样，嘴上的抱怨声却比谁都多。一旦发现了让她感到不快的事情，她就死咬着不放。

离开了原来的公司，陈洋松了一口气，留下来的同事还在饱受煎熬，各个心里都对欧阳凌有意见。陈洋对公司还是有感情的，可欧阳凌的存在，无论对公司还是对个人，都极具破坏性，与她共事不仅效率低下，心情也很郁闷。

不少同事都反映，和欧阳凌在一起工作，很容易变得消极，她时不时地打击你，让你渐渐对自己产生怀疑。更悲催的是，有这样的一位上司，你不敢放开手脚去做事，会觉得很不安全，一旦被她发现你的错误和弱点，她就会公之于众，完全不考虑你的自尊和感受。陈洋听后，也只能撇撇嘴，反正自己已经离开了公司，再不会与欧阳凌有什么交集，只是她想不明白：欧阳凌到底经历了什么，才会长成这样的人？

贬低他人，衬托自己

在现实生活中遇到了麻烦事，谁都难免会抱怨两声；当身边的人给自己制造了麻烦，或是做了错事时，批评指责也在情理之中；被激怒的时候，刻意挖苦一下对方，露出毒舌的一面，也是很正常的情绪反应。然而，当这种行为的频率或密度变成了一种行为模式时，就像上述案例中的欧阳凌，那就得另当别论了。

如果一个人在生活中经常批评、贬低别人，遇事就抱怨，谈话主题和关注点都是消极的，让身边人觉得自己好像从来都没有"做对"的时候，那么他多半可能是消极型人格者。他们对自己和他人都比较悲观，看不到自己和他人身上的优点，总是关注错误和瑕疵，把消极的事实放大，过度批评或贬低别人，仿佛只有给别人挑出毛病，才能显示出他的优越。还有的消极型人格者，在生活中特别喜欢散播谣言，搬弄是非。

为什么消极型人格者会做出这样的举动呢？

海伦·麦格拉斯和哈泽尔·爱德华兹在《隐形人格》一书中讲道："消极型人格的人，他们总是悲观地觉得自己低人一等，因此缺乏自尊心。他们认为其他人没有看到或承认自己的价值，认为自己没有得到应有的认可，所以他们通过过度批评、挑刺儿、贬低别人或毒舌、毁人声誉甚至牺牲自我的行为来博取关注，用这种自我痛苦和他人痛苦的方式，向所有人博取同情和尊重。"其最终目的是博取关注，用贬损他人的方式反衬自我的价值。

提到消极型人格的成因，心理学家阐释：有些人从小被养育者贬低，内心处于消极状态，感受不到自我的价值。成年后，他们摆脱了原生家庭的环境，压抑的情绪得到了释放，就开始批评贬损他人。特别是在获得一定职位后，更是习惯通过权力来贬损下属，获取成就感。

你有你的闪亮，我有我的光芒

一位名叫卡卡的女孩子走进了心理咨询室，她看起来20岁左右，可周身却没有散发出任何的青春活力，反而看起来满脸愁容，心事重重的样子。我还没有开口询问，卡卡就主动说明了自己的来意，并将自己的烦心事一一道出，希望能得到帮助。

原来，让卡卡心烦的是人际关系，寝室的同学似乎都在刻意躲着她，不愿跟她接触，有什么活动也不邀请她参加，她觉得自己被完全孤立了。生活在一个集体中，却像是一个局外人，这种感觉任谁都会感到别扭。

我望着眼前的卡卡，她长着一张漂亮的面孔，说话的声音很好听，从她的外表上看，这个女孩子并没有什么令人讨厌的地方，为什么班里的同学会如此排斥她呢？我把问题抛给了卡卡："你知道他们为什么孤立你吗？"卡卡想了想，刚想开口说什么，却又止住了。

我留意到了这个细节，便鼓励卡卡说："你来找我，不就是希望获得帮助吗？我需要知道，同学为什么孤立你？就我目前看到的，你是一个很讨人喜欢的女孩。"也许是这番认可给了卡卡信心，她缓缓地讲述起一件事。

高中时，卡卡是班里最出色的学生，她凭借自己的实力考入了现在的这所重点大学。然而，进入大学以后，她才发现这里遍地都是人才，以前优秀的自己到了这里变得不起眼。她心里很恐慌，为了让自己更加突出，她一直在暗暗努力。

大二那年，学校举行了一场时装设计比赛，这刚好是她的强项。她把自己设计的衣服穿在身上，赢得了不少好评。她觉得这是展示自我才能的绝佳机会，就果断报名参加了。同样喜欢服装设计并参加比赛的，还有同寝室的女孩翠翠。

起初，卡卡并没有太在意翠翠，可比赛的结果出来后，却让卡卡大吃一惊：翠翠荣获了特等奖，并将代表学校去参加全国比赛。一向对自己充满信心的卡卡，只拿到了一个优秀奖。她无法接受这个事实，心里的怨气很大：翠翠凭什么拿特等奖？！在她看来，翠翠的水平还不及自己，于是她就话里话外地给翠翠"挑刺儿"。

起初，翠翠还会跟她争辩，后来干脆就不说话了。寝室里的其他人，对卡卡似乎也有意见，曾有一位女生私下提醒卡卡："你说话太难听了，总觉得谁都不如你！别人做什么都不对、都不好，你那副咄咄逼人、高高在上的样子，让人很不舒服。"

我问卡卡："在得知翠翠拿特等奖的那一刻，你真实的感受是什么？"

她沉默了一会，说："我嫉妒她。"

"在给别人挑错的时候，你是什么感受？"

"挑出问题，就证明他们没那么好。"

"如果他们没那么好，你在心理上有什么感受？"

"感觉……我是好的。"

心理学家维雷娜·卡斯特在《羡慕与嫉妒——深层心理分析》一书中，详细地分析过"嫉妒文化"：嫉妒的心理会在很多人身上不经意地发生，但很少有人主动承认自己嫉妒过别人。因为我们很多时候只看到自己要嫉妒的"对象"，却搞不清楚为什么要嫉妒他人。事实上，嫉妒通常是来源于我们对自身价值的不信任。

卡卡对室友翠翠的嫉妒、贬低、挑剔，都是源自这样一个底层逻辑：别人好意味着我不好；让别人显得没那么好，才能凸显出我的好。经过多次的探讨，卡卡意识到了自己的问题，并开始重塑内在信念，朝着"我好，你也好"的方向迈进。

从表面上看，消极型人格者总是挑剔、批评、贬低他人，然而这种对他人的不满，其实是自己的需求得不到满足而发泄出来的不良情绪，是自卑而引起的心理失衡。如果你觉察自己有消极型人格的特质，那么你要提醒自己：贬低别人无法抬高自己，承认别人的优秀也不会妨碍自己的成功。把蔑视别人的目光和言语换成积极的对话，比刻薄的评判、伤人的羞辱，更能袒露你有力量的一面。正所谓：你有你的闪亮，我有我的光芒。

与消极型人格者的相处法则

> **相处法则 1：**
> **尽量避免单独和消极型人格者待在一起**

遇到消极型人格者，敬而远之确实是一个办法，但不是所有人都能像陈洋这样随心所欲，许多时候迫于生活压力，我们不得不和这样的人打交道。虽然陈洋这一次主动躲开了欧阳凌，谁能保证在下一份工作中就没有类似的人呢？再次碰到这样的情况，还要继续辞职吗？

问题总有解决的办法，与消极型人格者相处也要掌握一些方法和技巧。在工作场合，尽量避免和消极型人格者单独待在一起，有其他人在场时会稀释他们的消极表现。如果对方的言行令你感到不悦，可以找与对方关系密切的人来转述自己受到的影响，旁敲侧击地提醒对方注意自己的言行。同时，这样也能够让其他人知道，消极型人格者所说的话不能尽信。

> **相处法则 2：**
> **不让情绪和精力被消极型人格者白白损耗**

消极型人格者喜欢挑刺和指责，这是他们的人格特质，对所有人、所有事都是如此。所以，不要觉得对方的言行都是针对你的，为了那些莫须有的问题生闷气，损耗宝贵的时间和精力。真正值得去做的是，积极地改进工作方法，提升工作能力，做得比原来更出色，让消极型人格者不切实际的评价沦为无稽之谈。

相处法则 3：
用积极对抗消极，用行动对抗吹毛求疵

在处理工作问题时，当消极型人格者对你提出了批评，可以先承认事实，并且给出今后处理此类问题的解决策略，提出比对方更加周全的计划，比如："你说得有道理，下班之前我会做出两版方案，你选择最适合的一版，今后全部按照这个统一的标准来做。"

相处法则 4：
用新的关注点转移消极型人格者的注意力

当消极型人格者在你面前喋喋不休、抱怨不停，或是传播其他人的消息时，你可以这样回应："我们别这么消极了，想想怎么解决这件事，今后该怎么避免类似的情况发生？"或者"是，你说的这些问题，的确是存在的，但我们都不是完美的人啊！"这样的话，就避免了消极型人格者就一个问题纠缠，你提出的新的关注点，可以转移他的注意力。

> **相处法则 5：**
> **适当地帮助消极型人格者看到其自身的价值**

消极型人格者之所以毒舌、悲观、挑剌，主要是因为他们缺乏自尊和理性的思维。所以，在适当的时机下，不妨帮助消极型人格者找到并树立自身的闪光点，让他们感受到自己的重要性，看到自身的价值所在。当他们感到被认可，消极的行为也会减退。

PART 04

强迫型人格

如果可以,我希望一切完美有序

生活的不确定性,正是我们希望的来源。

——阿德勒

梅尔文的"红舞鞋"

第一次在咨询室里见到梅尔文时,她就问我:"你听过红舞鞋的故事吗?"童话故事我当然听过,但我更好奇的是,她为什么要提"红舞鞋"?于是,借助"红舞鞋"这把钥匙,梅尔文向我打开了内心世界的门。

梅尔文37岁,在一家国企单位做行政,丈夫是公务员,两人育有一个11岁的女儿。她的家庭状况良好,经济上没有太大负担,工作也相对稳定。可即便如此,梅尔文还是在不停地读书、考试,她拿到了金融学的第二学位,还通过了两门职业资格考试。

实际上,这些资格证书对她来说没有多大用途,但她似乎习惯了这种忙碌的状态,就像是穿上了"红舞鞋",怎么也停不下来。之所以来做咨询,是因为再过半个月又要考试了,这次她报考的是社会工作师的职业资格考试。虽然不是什么大考,但她的焦虑感却明显上升,越临近考试越紧张,心慌不安,觉也睡不好,总是做一些和考试有关的梦。

"昨天晚上,我梦见自己参加高考。要命的是,数学卷子我竟然一道题也不会,好像所有我没有掌握的知识点,它全都考了,最后真是把我急醒了。"梅尔文这样描述她的梦境,她还说，"其实，这种害怕考试的感觉已经持续挺久了，至少有半年时间，一次比一次重。我还记得，有一次梦见考试当天错过了公交车，怎么也等不来第二辆……"

梅尔文的工作，不涉及金融，也无关社区工作，且没有打算以后从事这方面的事宜，参加考试也不过是为了多拿一个证书而已。她提到，从小到大参加过的考试不计其数，简直就像家常便饭。按道理说，经历过这么多次的考试，且连高考、第二学位、研究生考试都经历了，应该是"百毒不侵"才对，怎么还会为了考一个资格证紧张得不行呢？

"如果不参加考试会怎样呢？"我问梅尔文。

"不考试，我也不知道自己该做些什么？"她答道。

说起生活的其他方面，梅尔文告诉我，她平时是一个注重细节、心思缜密的人，从来不做没把握的事，喜欢按部就班，不愿意打破习惯。做任何事都要提前制订计划，不能有一点儿差池，她也很担心自己的行为会影响到孩子，却又不知道该怎么改善？

我递给梅尔文一张纸，让她在上面随意地画线条，只要能够表达出她当下的心情就可以。她想了一会儿，在纸上慢慢地画起来：先是规整地画了三条横线，又垂直交叉地画了三条竖线，大小长短几乎一致。画完之后，她又思考了一会儿，似乎不够满意。然后，她又补充了六条线，上下各一条横线，左右各一条竖线，两条交叉的对角线。

"能说说，为什么要这样画吗？"我问梅尔文。

"我也不知道，完全是随心的。"梅尔文解释道。

"你觉得这些线条像什么？"我继续问。

"条条框框……嗯，还像藩篱。"

这幅画是梅尔文的心理投射，她的线条画得整整齐齐，大小几乎统一，最后补充的几笔线条，又将原来的图形框在其中，似乎是不愿意让任何线条超越界限。事实上，梅尔文的内心矛盾也在于此：她习惯把自己置身于各种规则框架中，用高标准要求自己，不断地进行学习、考证；这种习惯性的生活方式，又让人到中年需要在生活家庭方面投入更多精力的她，难以做出灵活的调整，故而感觉到像置身于枷锁中。

以特定的方式过生活

在梅尔文的身上，可以清晰地瞥见强迫型人格的影子。

强迫型人格者，通常都有完美主义的倾向，对自己要求严苛。这一特质带给了他们自律和优秀，但也让他们活得步步惊心，时常担忧自己做得不够好，担心犯了错会影响自己今后的前途。对不完美的恐惧驱使着他们十分关注细节，不允许自己出现任何差错。但这种对不完美的过度忧虑，会阻碍他们的发展。因为世界本就不完美，固执地追求完美，只会让他们看到自己对现实的无能为力，从而变得急躁、自卑，甚至是急功近利。

在后来的咨询中，梅尔文提到："我总是担心自己会犯错，每天都活得战战兢兢，似乎一不小心就会犯下大错。我没法接受那样的结果，若真如此，我就没有任何前途可言了。我每天都要提醒自己谨慎一点儿，生怕发生了什么事，会让别人认为我没有能力，或是批评我。我不知道该怎么承受和面对。"

梅尔文的心里仿佛住着一个"批评家"，总是对她心中的正常欲望进行压制，而这种心态的外在表现就是，经常在面对选择时陷入两难的困境。她讲道："在我生日那天，有一项重要的工作必须完成，有可能得加班。我特别烦，饭店里有一群朋友都在等着为我庆生。好不容易快弄完时，我发现文件里有一个错误，那一刻我特别纠结，好像有一个声音要求我必须把这件事做完美才能走，可在返工的过程中，另一个声音又在指责我放了朋友们的'鸽子'，自责感油然而生。两个小时之后，工作的问题总算搞定了，可我任何高兴的感觉都没有，反倒是为了取消聚会而耿耿于怀。"

强迫型人格者的内心有着多重原则和标准，做任何事都以符合标准为成功。如果一件没有标准的事情，他们通常会感到无所适从。这个标准，可能是公司的作业流程、品质的要求、职位的责任、父母的教诲、社会的伦理道德，等等。但无论是什么标准，他们都会严格遵守，如果达不到原则和标准，就会感到失望和痛苦。他们不但这样要求自己，也希望别人这样做，看不惯别人稀里糊涂地过日子，也看不惯别人对待工作懒散、不严谨的态度，认为自己有责任监督、教导对方，让他们有所改变。

不仅如此，强迫型人格者在做事的时候，通常会保持固定的习惯。以梅尔文来说，她连刷牙这么一件很小的事情，在执行的过程中，竟然也有一套标准化流程："早晨刷牙的时候，我就会一直在想，刷牙的正确方法应该是牙刷和牙齿呈45度角，上下轻刷，在牙齿咬合面前后轻刷，每个刷牙位置至少应该轻刷10次，每次刷牙时间至少持续3分钟，而且不要忘记刷刷舌苔……我按照这一个个标准来检验自己刷牙的方法是否正确，并且一项一项地检查，如果自己哪一项没有做到，就会觉得这次刷牙是一次失败。"她会严格督促自己遵守"规则"，不允许自己偷懒和敷衍。

概括来说，强迫型人格者总是在以某种的特定方式生活，有点循规蹈矩，不太懂得变动。他们思虑过多，内心总是笼罩着一种不安全感，经常处于莫名的紧张与焦虑中，对节奏明快、突如其来的事情总是显得不知所措，难以适应，接受新事物较慢。在人际交往中，他们经常会给人一种僵固、刻板、缺乏生命活力的印象。

当然，人格本身并不存在好坏之分，我们没有必要用有色眼镜去看待任何一种人格特质。只要把强迫型人格者要求事事完美的执念控制在合理的范围内，这一人格特质还是能够凸显出一些优势的。强迫型人格者会在重要的问题上严格遵守程序，重视安全性，谨慎对待调查数据，对产品质量的要求一丝不苟，力求精益求精。

曾有人说，乔布斯就有强迫型人格的倾向，他对产品细节的追求近乎病态，反复修改屏幕顶端标题栏的式样，只为更加平滑；他还坚持要让芯片整齐地排列在电路板上，即使它们不会被人看到；发布会之前，他要一次又一次地预演，只为把 iMac 的半透明效果展示得生动鲜活；就连苹果零售店的地面装潢，也必须用真正的石头，且在颜色、纹路和纯度上也十分挑剔。正是这种近乎苛刻的对细节的追求，把苹果的设计和制造推向了极致。

强迫型人格的形成，通常与父母的严格教育和高期望值有关。父母总是希望孩子凡事都做到最好，这种追求完美的心态慢慢内化在孩子身上，使他们害怕不能达到父母的要求，每当事情做不好时，就会感受到压力。强大的压力和吹毛求疵的环境，让他们害怕不完美，害怕不确定性，故而养成了遵守规则、保持稳定性、熟识度和一致性的特质。当他们长大成人后，即便没有人再这样要求他们，他们也会延续过往熟悉的行为模式。

强迫型人格障碍 VS 强迫症

当强迫型人格者凡事追求完美的执念超过了一定限度，就会发展成强迫型人格障碍。根据《中国精神疾病分类方案与诊断标准》（CCMD-2-R）中对于强迫型人格障碍的症状表现描述，患者状况至少符合下列项目中的三项，方可诊断为强迫型人格障碍：

· 做任何事都要求完美无缺、按部就班、有条不紊，有时会影响工作效率

· 不合理地坚持别人也要按照自己的方式行事，否则会不痛快，对别人做事很不放心

· 常有不安全感，穷思竭虑，反复考虑计划是否妥当，反复核对检查，唯恐疏忽和差错

· 犹豫不决，经常推迟或避免作决策

· 拘泥细节，生活中的小节也要程序化，不遵照一定的规矩就感到不安

· 完成一件工作后，缺乏愉悦和满足的体验，反倒是容易悔恨和内疚

· 对自己要求甚严，过分沉溺于职责义务与道德规范，无业余爱好，拘谨吝啬

如果是轻度的强迫型人格障碍，平时就要注意缓释精神压力，学会任其自然：做了的事情就做了，不要反复去想，也不要对其进行评价。举个例子：架子上的物品摆放得有些凌乱，那就让它凌乱一下；今天的计划被打乱了，就允许它被打乱，能完成多少就完成多少。开始这样做的时候，可能会带来一些焦虑感，但经过一段时间的训练和适应，情况就会有所好转。

说到底，不要把行动的主动权交给规矩和习惯，把灵活和自由锁进牢笼。过分执着于条条框框，会对鲜活多变的现实感到无所适从。生活中没有那么多的"应该"和"必须"，我们是有血有肉、会痛会痒的人，而不是一台只会执行程序的机器。

许多朋友对强迫型人格障碍了解甚少，经常把它和强迫症混为一谈。我们有必要澄清一下，这两者之间没有必然的联系，且它们的症状表现也是不一样的。

强迫型人格障碍者的日常

"我喜欢把东西排列得整整齐齐，把物品按照不同的标准进行分类，书桌上所有的东西都会安排平行或垂直的顺序排列。我的课堂笔记本十分精美，几乎每一页都是精心设计的，清一色的楷体字，用不同的颜色画出重点，但我几乎没有看过这些笔记，许多内容也没有记住，考试成绩也不理想。小组做实践活动时，我总是热衷于做计划，希望大家都严格按照计划行事，我自认为付出很多，但小组成员并不领情，还指责我太磨叽，效率低下。"

强迫症患者的日常

"我害怕各种各样的脏东西，听到别人咳痰就浑身起鸡皮疙瘩，担心痰会溅到自己身上；走在路上，看到一些脏东西也会作呕，总怕它们沾染到自己身上。因为有了这样的担忧，我开始频繁洗手，从最初的每天十几次，逐渐增加到几十次、上百次，明知道没必要，却控制不住。

"当洗手的问题变得愈发严重后,我没办法正常上班了。同事递给我文件,我不敢用手去接;公司的电话,我也不敢去碰,一想到电话上可能沾染了别人的口水,就恶心得受不了。我不停地往卫生间跑,可又觉得公司的卫生间是公用的,总是想到上面有不少的细菌和粪便,浑身不舒服……我害怕别人发现自己的问题,就提出了离职。"

对比之下,我们可以明显地看到,强迫症和强迫型人格障碍是不一样的。实际上,不同的流行病研究结果显示,在强迫症患者中,有50%~80%都不具有强迫型人格!很多强迫型人格者,也从来没有罹患过强迫症。

我们来简单介绍一下强迫症,它是一种以强迫观念和强迫行为为主要临床表现的心理疾病,最主要的特点就是有意识的强迫与反强迫并存,一些毫无意义甚至违背自己意愿的想法或冲动,反复地侵入患者的日常生活。尽管患者体验到这些想法或冲动来自自身,并极力地反抗,却始终没办法控制。两种强烈的冲突让患者感到巨大的痛苦和焦虑,影响正常的学习、工作、人际交往以及生活起居。

强迫症患者能够清楚地意识到,反复洗手、洗澡、检查等行为是没意义的、荒谬的,可又没办法控制住自己不去做……然后,就陷入了恶性循环的怪圈:强迫行为暂时地缓解了强迫观念带来的焦虑不安,但随着强迫行为的持续和不断重复,患者脑中的强迫观念变得愈发顽固,难以拔除。就这样,患者必须面对双重的折磨——被强迫观念围攻,还要重复那些让自己痛苦、尴尬的强迫行为。

无论是出现什么样的强迫观念与强迫行为，希望大家记住一句话：这并不是"你"的错，而是强迫症在作祟。美国加利福尼亚大学洛杉矶分校医学院的知名精神病学教授杰弗里·施瓦兹在《脑锁》里提出：强迫症患者的症状，与患者脑部的生化失衡引发的大脑运转失灵有关。换句话说，当强迫症发作时，你大脑里类似汽车换挡器的那个零件没办法正常工作了。

如果是大脑出现了问题，还能治疗吗？这是很多强迫症患者在得知上述情况时的第一感受和疑问。事实上，今天对于强迫症的研究比几十年前深入了许多，治疗方法也变得多样而有效。目前，治疗强迫症主要有三大类措施：药物治疗、心理治疗、神经外科脑手术治疗，这些都是我们在跟强迫症抗争时的帮手和武器。

与强迫型人格者相处的法则

相处法则 1：
尊重强迫型人格者严谨有序的态度，不轻易打乱计划

强迫型人格者努力维持秩序感、力求井井有条、秉持严谨

的态度，是因为想把事情做到极致、减少纰漏，他们的初衷是好的。所以，要对他们的严谨有序、精益求精给予尊重和肯定，不要粗暴地指责或反驳，认为他们小题大做、太过夸张。

尊重，意味着允许对方按照他特有的方式生活，并尽量不去干扰和破坏它。强迫型人格者不喜欢意外和惊喜，一旦制订好计划，最好严格地执行，不要临时给他们穿插"紧急任务"，这会让他们感到痛苦。如果你的下属或同伴是一位强迫型人格者，在给他们指派任务之前，最好自己先做一个预期规划，让他们在接到任务时感到有序可循。即便是邀请客人到家里吃饭，也当提前两天告诉对方具体的来访人数，以便对方提前做好安排。

相处法则2：
对强迫型人格者要严格遵守承诺，出现意外要尽早告知

如果你有一位强迫型人格者的朋友，在与之相处时，一定要注意守时守信。若是中途出现了意外状况，一定要尽早告知对方，并明确表达你的歉意，让他们感觉到你是一个"靠谱"的人；至于那些无法兑现的承诺，最好不要开口。对于强迫型人格者的"认真"，也要予以理解，切不可嘲讽他们小题大做。

相处法则3：
引导强迫型人格者放下压力，带领他们体验放松的美妙

强迫型人格者总是不敢放松，即便是去郊游，他们也可能会在包里带上一本学习的书。抑或是，部门举办庆功宴，所有

人都为了能够松一口气而感到开心，他们却无心享受成功的喜悦，而是惦记着接下来要做的项目。所以，在跟强迫型人格者相处或共事时，要引导他们学会放松，带领他们参与到有趣的活动中，让他们体验到放松的美妙，渐渐地放开自我，减少精神上的紧张和压力。

> **相处法则 4：**
> **看到强迫型人格者的优势，让其负责能够实现积极效用的工作**

强迫型人格者做事一丝不苟，能够出色地完成某些特定的工作任务，如果换成其他人，很可能早就厌烦了，抑或是细节处理得不够到位。如果你是一位企业管理者，不妨把会计、财政、质检等工作安排给具有强迫型人格特质的下属，让他们最大限度地发挥其人格特质优势。

> **相处法则 5：**
> **当强迫型人格者的行为超过合理限度，要给予有理有据的批评**

南茜做事总是比别人慢几拍：计划不够周密，她就不去执行；为求证方案中的某个观点，拖延上交任务的时间；原计划一天内修订3篇稿子，结果因为吹毛求疵，3天才修订了一篇稿子。她的做事方式，已经严重地影响了整个团队的效率。为此，主管领导特意找南茜谈话，希望她能认识到自己的问题。

主管领导颇有经验，他没有直接批评南茜做事拖拉、吹毛求疵，因为他知道南茜不是故意偷懒，而是自我要求太高。他把南茜近期负责的任务一一列举，分别标注了完成任务所用的时间，以及最终的结果。事实一目了然，南茜自己也意识到了，她的做事方式完全没有效率可言，在细枝末节上做了太多无意义的纠缠。在跟自己较劲的过程中，时间匆匆溜走，而那些真正重要的事情都被搁置了，拖了团队的后腿。

上述案例提示我们，要说服强迫型人格认识到他们的问题，粗暴地要求他们改变做事方式并不奏效，反倒是用一种略带强迫性的方法，清晰明确、有理有据地进行批评，效果更好。

PART 05

讨好型人格

生而为人，我很抱歉

当前的目标并不在于发现我们是谁，而是拒绝我们是谁。

——米歇尔·福柯

凪的新生活

28岁的大岛凪（读音zhǐ，原日本汉字），是一名普通的日本白领。

凪留着一头黑色垂直的头发，笑起来眯着眼睛，温柔又贴心，脸上总是挂着笑容，一副人畜无害的样子。她很懂得察言观色，氛围稍有些尴尬，她就会站出来打圆场。公司里有三位八卦的女同事，她们是凪在工作中接触最多的人，也是把凪当成"便利贴"的人。

同事把自己的工作丢给凪，她虽然不愿意，却不晓得该怎么拒绝，只好加班加点地帮别人完成。同事犯了错误，为了平息领导的怒气，她主动站出来替对方背锅。事后，凪连一句谢谢也没有落得，反而被对方告知："感到恶心的时候直接说出来比较好哦！"

有时候，凪明明是带了便当的，却还是选择跟同事一起出去吃午饭，她担心如果不这样做的话会显得不合群，破坏人际关系。打卡网红餐厅时，同事提议拍个合影，其他人拍得都很好看，唯有凪半闭着眼睛，她不敢说"重新再拍一下，我这张好难看"，而是眼睁睁地看着同事把照片发在社交平台上，默默地把自己的不满咽进肚子里,还在照片底下点了赞。

为了迎合同事的喜好,显得与她们之间没有隔阂,她总是附和着对方的话说"我懂"。在面对同事提出的尖锐问题时,她左右为难,生怕说错话让别人误解。在工作中,她一直这样卑微地讨好着周围的人,哪怕有委屈也选择了隐忍,本以为能以这样的姿态换得融洽的关系,不料她以为的那些闺蜜们,还有一个除她以外的群聊小组。她们在群里疯狂地吐槽凪,说跟她合不来,只是她太好用,还发誓坚决不要活成像凪那样的人。

如果说凪对生活还有什么希望的话,那就是与她神秘交往着的,那个与她完全相反,善于掌控气氛的精英男友慎二。只不过,在感情的世界里,凪活得也不是那么自在,她依然在察言观色,小心翼翼地讨好着对方。

看起来一头乌黑直发的凪,其实是天生的自来卷,她的"羊毛卷"从小就被妈妈嫌恶,总是被要求把头发打理顺直才能出门。于是,当慎二看到她的直发,说了一句"我喜欢你的头发"时,凪就更不敢呈现自己真实的样子了,她每天早上趁男友没醒的时候,偷偷起来把头发拉直。慎二从来没有公开承认过他们之间的关系,甚至在和同事闲聊时对凪进行各种嘲讽和挖苦,说她节俭寒酸,和她在一起只是因为性方面比较和谐。他在说这些话时,凪就站在门外,无法承受精神打击的她,直接晕倒了。

在医院醒来后,凪感到难过又失望,没有一个人守在她身边,也没有一个人联系她。收到的唯一一条短信,是日料店发来的折扣券。那一刻,凪决定丢掉过去的一切,她卸载了所有的社交软件、辞去工作、离开男友，骑着自行车带着一床被子，来到乡下开始了新生活。

终于逃离了城市，凪满怀期待地在图书馆里为自己规划未来，脑子里却是一片空白。这些年来，她一直活在察言观色中，早已经变成了一个毫无主见的假笑女孩。即使离开了过去的生活环境，她内心畏惧的东西，仍然还在。她每个月都要给家里寄生活费，害怕妈妈吐槽她的"羊毛卷"，不敢告诉妈妈自己真实的境遇，怕被骂没出息。

人生不是换一个地方，插上全新的 SIM 卡就可以重置的，不去内心寻求底气和支点，即便逃到天涯海角，也和从前的自己没什么两样。庆幸的是，在乡下居住的这段时间，凪的身边有许多值得欣赏的榜样：捡垃圾被人唾弃的空巢老人绿婆婆，其实有着丰富的精神世界，也有自己不屈服的独立精神；真心喜欢她"羊毛卷"头发的女孩小丽，年纪不大却很有主见和想法，选择和玩得来的孩子做朋友；在工地开着吊车、被一群男人称为领导的小丽妈妈，勤劳积极、独自抚养孩子，却活得肆意潇洒……在和邻居们相处的过程中，凪慢慢地感受到，以真实的样子示人不一定会被嫌恶，能被他人认同自己的一切会充满安全感，而她在去酒吧打工后，也逐渐发现自己可以为喜欢的人创造美好的氛围。

走过了这一心路历程后，凪开始有勇气向妈妈的权威发起挑战，说出了自己多年来的感受和此时此刻的决心："讨厌妈妈，让我产生罪恶感而逼我听，比如在外面装好人，比如期待我能做到自己所做不到的事。我不能为了妈妈而活，我也会为了自己而活下去，辜负了你的期待，我很抱歉。"她开始有力量回击之前总是欺负自己的八卦女同事，并拒绝了总是挖苦嘲讽自己的前男友慎二。此时此刻，凪的新生活正式拉开了帷幕。

活在别人的世界

读完大岛凪的故事，你也许会想到"被嫌弃的松子"，因为她们都是讨好型人格者。

讨好型人格者，总是以别人的需求为中心，哪怕在本心上做不到以别人为中心，也要假装能够做到。他们处处牺牲自己，成全他人，时刻看他人的眼色行事，把别人的评价看得特别重要。如果说，活了一辈子都是在取悦别人，始终戴着"讨好"的面具，真是莫大的悲哀。

讨好型人格不属于人格障碍，而是一种潜在的不健康的行为模式，其典型特征如下：

> 典型特征1：
> 时刻察言观色，总觉得别人不高兴是因为自己做得不好

讨好型人格者仿佛自带"勘测仪"，总能快速又及时地捕

捉到别人的情绪，一旦发现别人有不高兴的迹象，他们就会感到紧张，或做出讨好的行为。因为他们的内心有一个假设：别人的情绪变化和我息息相关，别人不高兴一定是因为我做得不够好。他们很害怕别人对自己有负面的评价，为了维系好评，他们必须时刻保持警惕，力求在别人指责自己之前，就调整好自己，让别人对自己感到满意。

典型特征2：
缺乏拒绝他人的能力，不敢表达自己的需求

日本作家太宰治在《人间失格》里写道："我的不幸，恰恰在于我缺乏拒绝的能力，我害怕一旦拒绝别人，便会在彼此心里留下永远无法愈合的裂痕。"这简直是讨好型人格者最真实的内心写照，他们不敢发出请求，很难拒绝别人。

讨好型人格者在生活中很怕给别人添麻烦，这源于内心深处的不配得感，总觉得给人添麻烦是一件愧疚的事，所以他们轻易不会向人表达自己的需求。当他们获得帮助时，总是表现得受宠若惊，哪怕你递给他的只是一块石头，他也觉得很温暖。

讨好型人格者乐于接受别人的请求，即便自己有难处，即便对方的请求不太合理，也难以开口回绝。在他们看来，一旦拒绝别人，就会伤害到对方，让对方产生不满，给自己差评。在万不得已的情况下，他们可能会做出拒绝别人的行动，但也会为此不停地向对方道歉，试图消灭对方的不满和负面评价。

> 典型特征 3：
> 十分在意别人的看法，害怕不被认可、被人讨厌

大岛凪自述道："我总是在意我是否能通过别人的测试，战战兢兢，太过在意。"这是讨好型人格者内心的真实呈现，他们过于在意别人的看法，总想获得他人的认可，所以在言行上就会不自觉地讨好他人，尽力去满足别人的期待。比如说，在亲密关系中，太过顾及对方的感受，哪怕对方提出的条件不可思议，讨好型人格者为了维护这段关系也会选择妥协。再如，他们害怕冷场，经常迎合别人的观点，把"你说的对""我也这样认为"挂在嘴边；一旦觉察到对方的语气和表情不太对劲，就不敢说话了。

> 典型特征 4：
> 没有清晰的心理界限，被触碰底线也不会反抗

讨好型人格者做事以取悦他人为目的，最怕别人的不满和差评，这就使得他们在人际交往中丧失原则，守不住自己的心理界限，任凭别人得寸进尺而不做出任何反抗；自己的权益受到了损害，也不敢出声维护，生怕惹人不开心。

不难看出，讨好型人格的本质是低自尊。那么，这类型的人格是怎么形成的呢？

通常来说，有两种类型的父母比较容易塑造出讨好型的孩子：

第一种情况，父母是讨好型人格，其自尊和价值感都很低。他们在生活中不敢轻易拒绝别人，凡事总说"好好好"，并将"不能轻易得罪人""要让别人认可自己"的观念灌输给孩子。有时，在对待别人家的孩子和自家的孩子时，他们会牺牲自家孩子的需求去满足别人家的孩子，照顾别人家父母的脸色。在这种环境下长大的孩子，自我感觉总是低人一等，会不自觉地延续父母的讨好模式。

第二种情况，父母是控制型人格，孩子不能有自己的意见和自我，必须要听从于父母。孩子做不到的时候，就会遭到父母的批判和指责。渐渐地，孩子内心的声音变得原来越微弱，他们开始完全依赖大人的评价，变得胆小怯懦，不敢表达自己的需求。同时，他们在内心深处认为，必须讨好父母，自己才能被爱。长大后，这种讨好父母的模式就变成了讨好所有人的模式。

故事中的大岛凪就属于这一类型，凪的母亲独自一人将其抚养长大，她把自己的人生归结为"失败"的人生，并且将对"失败"的不甘和怨念都投注在凪的身上，她控制女儿、贬低女儿，让她去实践自己未完成的人生理想：去大城市，成为人上人，嫁给有钱人。生活在母亲扭曲的爱里，凪缺乏自我认同，她也想改变人生，却不相信自己的力量。她一直努力讨好着妈妈，长大后也用这样的姿态讨好世界。

被讨厌的勇气

如何走出讨好型的人际模式,过舒适自由的人生呢?

方法 1:重新看待自己的早年模式,跳出原生家庭的禁锢

讨好型人格者在早年的成长经历中,被养育者否定过多,那种求认可的模式和这样的成长环境息息相关。早年没有得到过认可,所以对认可有着贪婪的渴望,成年后对外部世界的讨好也是在弥补早年的缺失。讨好型人格者需要反思一下,自己是否被原生家庭禁锢了?如果有这方面的因素,就要尝试着突破自己的恐惧区,摆脱原生家庭的束缚,比如:一旦有人对自己不满或差评,就会习惯性地感觉恐慌。现在,可以尝试一下,看看即便引发了别人的不满或差评,灾难后的结果究竟会不会发生?

当你感觉恐惧的时候,其实是退行到了"儿童状态",重新体验到了早年不被养育者认可的感受。要知道,现在的你已经长大了,再不是当年的那个小孩,而你面对的人也不都像父母那样,一旦不符合他们的需求就会苛责你。哪怕遇到了这样的人,你也要提醒自己,你已经是一个成年人了,你有力量去捍卫自己的需求和权益。

方法2：正视自己的需求，尊重内心真实的意愿

改变从来不是一蹴而就的，都要靠细微的积累。比如，在菜市场买菜时，你发现商贩算错了价格。当时正值热闹的早市，周围全是顾客，到底说不说呢？常人遇到这样的情况，当然会说，毕竟错不在自己。然而，讨好型人格者却会思量：价格差得并不是很多，说出来会不会显得小题大做？面对这样的情况，不妨大胆地说出来，那不只是三五毛钱，而是在合理的情况下，你敢不敢捍卫自己的权利。

讨好型人格者总是担心，说出自己的需求会被拒绝，会给别人带来"麻烦"。其实，只要不过度影响他人，考虑自己的熟识度，积极响应自身的真实想法和需求，是人际交往中再正常不过的事情。你只有正视自己的需求，重视自己的感受，才能够树立起清晰的界限，让别人知道，哪些事情是你在意的，哪些原则和底线是不可侵犯的。

方法3：接纳不完美的自己，肯定自己的价值

每一次想尽办法去讨好别人，都是因为自我价值感低，把对自己的价值建立在他人的评价之上。哈佛大学心理研究中心的资深教授乔伊斯·布拉德指出：自我评价是人格的核心，它影响到人们方方面面的表现，包括学习能力、成长能力与改变自己的能力，以及对朋友、伴侣和职业的选择。当一个人不能对自己做出客观的评价时，就会习惯性地低估自己、怀疑自己，

很难做到自尊与自爱。想要的不敢去争取，觉得自己不配得；有机会不敢去争取，不相信自己有能力做到；看不到自己的长处，总是拿自己的短处去跟别人的长处比较，贬低自己。

那么，只有优秀的人，才配得自信吗？当然不是。优秀是相对的，每个人都不完美，个性特质也不尽相同，但这并不妨碍我们相信自己、肯定自己。对讨好型人格者来说，最重要的是看见真实的自己，客观地去评价自己，比如：你可能长得不漂亮，但你很健谈，善用语言与人沟通；你可能有点孤僻，但头脑冷静，总能理性地分析问题……我们都是独特的，都有自己的优势和短板，不存在一无是处的人。

方法4：分清楚自己的课题与他人的课题，有被讨厌的勇气

在意别人的目光，看别人的脸色生活，为满足他人的期待做选择，或许能够换得他人的认可，但这样的生活方式却是极其不自由的。当你以他人的认可作为评判自我价值的标准时，为了避免被否定，你要不断地看他人的脸色，并发誓忠诚于任何人。倘若周围有5个人，就要发誓忠诚于5个人，做不到的事也要勉强接受，负不起的责任也要包揽在身。只有这样，才不会被任何人厌恶，但压力和痛苦唯有自己知道。

从这个角度来说，做真实的自己是有代价的，那就是会被人讨厌。

没有人希望被人讨厌，或是故意招人讨厌，这是人的本能倾向。然而，生活不可能尽如人意——让我们在自由地成为自

己和满足他人的期待之间，实现完美的平衡。更多的时候，我们都是需要作出选择的：要过被所有人喜欢的人生，还是过有人讨厌自己却活得自由的人生？是更在意别人如何看待自己，还是更关心自己的真实感受？如果只图他人的认可，就得按照别人的期待生活，舍弃真正的自我；如果要行使自由，就得有不畏惧被讨厌的勇气。当然，这绝不是主张我们做一个任性自私的人，而是让我们将自己和他人的人生课题分离开来。

为什么有些人不怕被讨厌？哪怕是挨了白眼、遭到反对，也能够强大到坚定自己的选择，不委曲求全？究其根本，是因为他们深刻地理解，哪些事情是自己的课题，哪些事情是别人的课题。选择自己感兴趣的职业、坚持自己认可的婚恋观、拒绝令自己感到为难的请求，这都是自己的课题，我们该做的是诚实地面对自己的人生，正确处理自己的课题。至于父母对自己所选的职业是否满意，周围人怎样看待不婚主义者，被拒绝的人会不会对自己心生嫌隙，那都是别人的课题，我们无法左右，更无法强迫他人接受我们的思想言行。

"不想被人讨厌"是自己的事，"是否被人讨厌"是别人的事。讨好型人格者要学习的是，在两件事之间划清界限，虽然不想被人讨厌，但即使被人讨厌也能接受。有了这样的勇气，我们才能在人际关系中变得轻松和自由。

总而言之，喜好和接纳不一定非要满足各种各样的条件，也不是非要讨好别人才能够获得认可。相比别人的评价，更重要的是自我接纳和自我认可。就算不够完美，那又怎样呢？不圆满才是生命的本色。以真实的自己示人，敢说出真实的感受，不仅自己活得舒适，还能与他人在情感的流动中，构建起真正有深度的关系。

与讨好型人格者相处的法则

相处法则1：
不要心安理得地享受讨好型人格者的付出

心理咨询师丛非从提到过一个观点，个人比较认同：从某种意义上来说，讨好型人格者也是施暴型人格者。听起来似乎难以理解，讨好型人格者不是"老好人"吗？施暴这样残酷的字眼，怎么可能跟他们扯上关系呢？

我们都知道，讨好型人格者的内心一直认为自己是卑微的，唯有察言观色、照顾好别人的感受，才能被认可。他们害怕别人不开心，害怕与人发生冲突，内心反复出现像《被嫌弃的松子的一生》里的那一句台词："生而为人，我很抱歉"，他们总觉得自己要不断付出，才能平衡这种亏欠感。在这样的情境下，他们把自己当成了仆人，把他人当成了主人。

然而，正如丛非从所指，在另外一些情境下，讨好型人格者会在内心把"主人"和"仆人"的位置进行调转，即他们成了主人，而对方成了仆人。此时，如果对方不能够按照他的逻辑和预期给予他照顾，他就会变成施暴者。

假设讨好型人格者小A是你的朋友，她总是表现得善良又热情，你搬家时她主动帮忙、为你添置必要的生活用品、对你的想法总是顺从。而你心安理得地享受了这些，时间久了，小A可能就会觉得：我为你付出了那么多，对你那么好，一直都很照顾你的感受，你就应该……但凡你拒绝了她一次，她就会觉得"你欠我的，因为我从来都没有拒绝过你"。

你要明晰一点，讨好型人格者的每一次付出、忍让和牺牲，都是为了日后理所当然地控制别人做铺垫。当他们付出到一定程度后，就会变得计较，表现出强烈的控制欲。这种情况，在亲密关系中出现的概率更高，他们会要求对方像自己讨好别人那样来讨好自己。所以，不要心安理得地享受讨好型人格者的付出，这就像信用卡，当下享受了便利与好处，日后都是要还的；不小心透支了，还要加倍偿还利息。

相处法则2：
给讨好型人格的恋人多一些肯定和欣赏

遇到一位善解人意、乐于付出的伴侣，无疑是幸运的。不过，每种人格都有其局限性，在现实的婚恋中，要跟讨好型人格的伴侣建立和谐、稳定的亲密关系，要记得多给予他们一些肯定和欣赏。

讨好型人格者是感性的，甚至天真地认为世界上所有的人（尤其是伴侣），都需要自己的爱，且所有接受过他们帮助的人（尤其是伴侣），都会及时给予自己感激和赞美。可事实并非如此，当他们向伴侣倾注大量的热情后，换来的可能是冷淡，这会让讨好型人格者很受伤，甚至怀疑伴侣是否真的爱自己？或是自以为被利用，因爱生恨。

面对讨好型人格者的愤怒，伴侣要明白，这只是他们觉得自己的付出被漠视的痛苦表现，要对他们的这些行为给予理解和包容，不要攻击他们无理取闹、无事生非。换一种言辞和态度，感谢他为你付出的一切。当他收到了你的肯定和赞美后，会重新感受到自己被需要、被爱，也就乐于继续为你、为家庭付出了。

**相处法则3：
鼓励讨好型人格者主动表达自己的需求和爱意**

讨好型人格者往往羞于表达自己的需求，认为那是自私的。即便是面对爱情，也总是"羞于启齿"。作为讨好型人格者的伴侣，要多鼓励他们主动、直接地表达内心的需要，因为暗示性的表达经常会造成误会，只有直接的表达才能真正准确地体现出他们的内心渴望，促进彼此间的良性沟通。另外，意识到讨好型人格者有这样的性格局限，伴侣也要多留心他们的情感需要，尤其是他们对被爱、被关注的渴望，要在他们未开口之前就察觉到他们的这种渴望，作出相应的回应。在言行方面，也要多多表达对他们的关爱，让他们从明确的言语中确定你对他的爱和需要。

在婚恋关系中，讨好型人格者多数时候都在迎合伴侣，很少表达自我。他们没有意识到，在付出爱的同时，表达自我的需求，向对方索取爱的回报，才是真正惺惺相惜的爱情。讨好型人格的伴侣，要帮助他们认识自我、关注自我、表达自我，并明确地告诉他们：我爱的是你的全部，不是你的无私付出。你无微不至地照顾我，我也愿意为你做一些事。这样的举动，会极大地激励讨好型人格者的自信心，让他们领悟到：就算"我"有被爱和被照顾的需要，你也不会厌烦他，也不会离开他。当他们的内心感到安全和平稳，就能够慢慢地尝试表达自我了。

相处法则4：
让讨好型人格者负责服务方面的工作，发挥其人格优势

讨好型人格者的思维方式以情感为导向，始终把关注的焦点放在他人身上，及时而敏锐地察觉到他人的需要，并给予满足。从这个角度来说，他们就是天生的服务高手，凭借热情与亲和力赢得他人的好感，用细致的服务折服对方的心。

其他类型的人格者都会分出自己喜欢和不喜欢的人，然后有选择性地交往。讨好型人格者不一样，他们希望得到所有人的喜欢。因此，除了扶持自己看好的潜力股之外，他们也会默默地留意其他人的需求，在适当的时候给予帮助。最令人惊叹的是，讨好型人格者能够根据不同人的喜好来准备工作，满足各方的需要。比如，大家一起聚餐时，他能记住每个人的偏好和习惯，点出一桌让所有人都满意的菜。所以，让讨好型人格者负责服务方面的工作，能够有效地发挥其人格优势。有他们在的工作环境里，永远带着温暖的味道。

PART 06

自卑型人格
我把自己放得很低，低到尘埃里

我们每个人都有不同程度的自卑感，因为我们都想让自己更优秀，让自己过更好的生活。

——阿德勒

填不满的黑洞

坐在咨询室里的辛迪，面粉如桃花，身材修长而匀称，穿着米色的毛衫、灰色的西装裙，乌黑顺直的长发整齐地披散在肩上，散发着知性的气质。不止如此，她举止有礼有节，说话温润柔和，且条理清晰，足以见得是一位内在也极有修养的女性。然而，这个外表精致、情绪温和、谈吐有序的女性，道出的心理困惑却是："我特别自卑，请您帮帮我。"

说到具体的自卑表现，辛迪列举了一连串的情景：和别人相处时总是小心翼翼的，生怕得罪别人，经常会不自觉地讨好对方；情绪特别敏感，一看见别人不开心就会紧张，担心是自己做得不对所致；别人发来消息，通常都是秒回，怕别人产生被冷落的感觉；经常委屈自己，不敢表达自己的想法，也不太懂得拒绝……这样的做法让辛迪很疲惫，内心仿佛笼罩着一大片乌云，令人憋闷和压抑。

经过几次的谈话，我了解到了辛迪的成长经历，零碎的回忆渐渐拼成了一幅完整的画卷。

辛迪自幼父母离异，母亲因为工作原因，不能把她带在身边，便将其寄养在舅舅家，每月支付一笔不小的费用。虽说是亲舅舅，可毕竟寄人篱下，舅舅或舅妈一个不耐烦的眼神、一个不悦的表情，都会让辛迪神经紧绷，哪怕对方的糟糕情绪并不是因她而起。

舅舅家的表妹比辛迪小一岁，两人一起住、一起玩，小孩子之间偶尔也会闹不愉快，表妹可以任性哭闹、向父母撒娇告状，而辛迪就算是受了委屈也默不作声，因为妈妈每次都在电话里叮嘱她："要听舅舅和舅妈的话，不要跟妮妮（表妹）吵架。"

本该是肆意绽放童真的年纪，辛迪却生活得小心翼翼。为了让妈妈放心，让舅舅和舅妈也认可自己，辛迪把学习当成了唯一的救命稻草。她是班里公认的学霸，多项比赛都拿过奖，从小学升初中到高中考大学，一路重点，以高分进入名校。

外语出色的辛迪，毕业后在一家知名的培训机构做英语教师，业绩非常出色，深得领导的赏识。现在的她，有不错的工作和收入，按揭买了一个小房子，不需要再寄人篱下，在外人眼里是一个令人羡慕的优秀女性。可鲜少有人知道，辛迪的内心深处始终住着一个自卑的"小女孩"，她经常不受控制地去否定自己。

这份自卑犹如一个深深的黑洞，逼着辛迪用各种努力去填补，却怎么也填不满。

她说："似乎只有我比别人做得好很多，心里才觉得踏实。我在同事和领导面前一直谨言慎行，生怕自己哪句话说错了，或是哪件事做得不恰当，惹人讨厌。我一直觉得自己要足够优秀，才能被人喜欢。在谈恋爱这件事上也一样，我不敢接受那些条件比自己好的男生的追求，我担心他们不会喜欢真实的我，也害怕将来有一天会被他们抛弃……我承受不了。"

这就是辛迪的心理症结，明明已经很优秀了，却未曾体验过自信满满的人生。即便已经被自卑折磨得心力交瘁，却依然要求自己以精致到一丝不苟的形象出现在咨询室里。一贯对优秀的追求已经完全地占据了她的身心，而优秀又没能为她带来任何价值感和意义感。

沉重的精神枷锁

阿德勒曾经对"自卑感"做过一个特殊的解释："一个人自认为自己的能力、环境和天赋不如别人，以自卑观念为核心的潜意识情绪组成一种复杂心理。"

在心理学上，自卑感指的是由于与合理规定标准或其他刺激物比较有差距，而产生了评价差异，进而导致的主观低落、悲伤等负面心理状态。

所谓的"合理标准"，是指人们习惯与自身比较的某个标准参考，如身高、颜值、家境、成绩等，当自身条件不及此标准时，就会产生自卑情结。所谓的"刺激物"，则是指人们用来与自身进行比较的其他非标准参考对象,如别人事业有成、家境优渥、成绩优异等,当自身条件与参考对象形成落差时,也会形成自卑心理。

概括来说,自卑感是源于个人对自身的评价以及外在刺激物对个人心理的影响,如果不能将这种"比较—评价—刺激"的连锁心理反应控制在一定范围内,自卑感就会慢慢演变成自卑型人格障碍。

坦白说,每个人的内心深处或多或少都会存在自卑感。当这种自卑感控制在合理范围之内时,对人是有益处的,它可以让个体一直处于自我警醒的状态,让个体为了消除这种自卑感而不断地奋进、提升自我。如果自卑感程度超出了合理的范围,就会给个体带来痛苦的体验。绝大多数人都深谙自卑会压制个体潜能的发挥,让人在怯懦中丧失多种生命体验与可能性。但,自卑给人带来的伤害,仅仅于此吗?

不,这只是从广义角度进行的分析。真实的自卑型人格者在生活中所遭遇的困扰,往往都是细碎微小、刺痛感又很强的,他们极少会沮丧地在咨询室里说:"自卑让我变得平庸,错失了成功的机会",更多的时候他们会讲述类似这样的细节:"昨天开会,我说完自己的看法后,老板皱了一下眉头,很严肃的样子,没发表任何评议,就让下一位同事继续了。我一直在琢磨这件事,心里很不舒服,总怀疑是自己说错了话,让老板对我有意见了。"这些困扰才是自卑型人格者时刻都要面对的,细碎的问题叠加在一起,会严重损耗他们的精力。

通常来说，除了遭遇特殊的意外事件，人的情绪或心理很少会瞬间坍塌。况且，有很多时候，人能够经得住狂风骤雨的洗礼，却经不住日复一日的情绪侵蚀。所以，相比"自卑会让人生走向平庸"这样的危害，我们更需要从细微的视角出发，去看看过度自卑给人的日常生活带来的困扰与伤害。

危害1：心理极度脆弱，抗压能力差

生活中经常会遇到失败、受挫、失望、冷落、被拒等时刻，这些体验虽然不太好，却也难以避免。对心理状态较好的人而言，很快可以调整过来，可就自卑型人格者来说，哪怕只是轻微的不良体验，都可能穿透情绪的墙壁，冲破内心的防线，将他们的勇气和能量碾得粉碎。

心理学研究表明，自尊水平高一些的人，心理弹性也较好，能够平稳地应对拒绝、失败或压力。自卑型人格者由于自尊水平较低，对于拒绝或失败会产生更痛苦的体验，这一点可以在脑部扫描图像中得到证实。自卑型人格者很容易焦虑和抑郁，抗压能力较差，甚至会出现与压力相关的不良躯体症状，如高血压、免疫系统失调等。主要原因在于，他们容易夸大负面反馈的影响以及潜在的后果，给自己增加了压力，觉得难以控制，继而遭遇更多的困难，导致自我评价变得更低，自尊水平也遭到进一步的损害。

危害2：阻挡积极的体验和信息

过度的自卑，不仅让个体容易接受消极的心理暗示，同时也会阻挡个体获取积极的体验和信息。当个体的自尊长期处于低水平时，羞耻感就会内化成自我身份的一部分，让个体对它习以为常。对于负面的反馈，自卑型人格者往往觉得心安理得，因为它验证了个体现有的自我评价。反过来，如果有人给了他们积极的反馈，这些反馈必须要属于自卑型人格者的自我评价的范围，才会发挥效用，否则的话，说了也没用，他们根本不会接受。

危害3：消极地看待亲密关系

良好的人际关系是一种社会性支持，虽然自卑型人格者也渴望获得积极的反馈与肯定，但当他们被低自尊包裹起来时，很难接受来自亲密伴侣的积极信息，完全感受不到情感滋养，甚至会对这种评价感到不安。他们会担心自己无法维持这样的评价，最终让伴侣失望，他们总觉得对方的爱是有条件的，如果自己不够好，就得不到对方的爱。

一位自卑的男士说，在跟异性交往时，对方称赞他细心、体贴，可这样的赞誉并没有让他感到快乐。每次听见对方这样说，他内心都会隐隐地冒出一个声音："她根本不了解我""她不知道我多有糟糕"……结果，他就变得很冷漠，逃避对方给予的赞誉。果不其然，对方最终向他提出了分手。这样的结果，让男士进一步证实了他的"内在自我"就是很糟糕的,不被人喜欢和接受。可事实上,真正让人难以忍受的,是他内心深处的自卑。

危害4:不敢表达自己的需求

缇娜在患病期间,收到了丈夫的一纸离婚协议,身体和情感上的双重打击,让她变得郁郁寡欢,很没有安全感。她时常觉得,周围的女性朋友都比自己强,且这种自卑感还逐渐蔓延到了她的工作中。缇娜是自由职业者,从事电商行业,她经常被大客户说服做额外的工作,却得不到相应的报酬。面对这样的情况,缇娜总是忍气吞声,可对方却变本加厉。当被问及为什么不敢提要求时,缇娜说她害怕失去合作者,让自己的生活没了着落。

实际上,缇娜的工作能力很强,不必太过发愁寻找合作者。况且,她也从来没有向现在的大客户提出过要求,并不能确定结果真如想象中那样糟糕。真正阻碍她的是极度脆弱的情绪免疫系统,她认为自己的任何行为都可能会带来拒绝、伤害和灾难。

其实,每个人或多或少都有一些自卑情结,只是面对这份自卑感,不同的人有不同的选择。有人沉溺在自卑的旋涡中不能自拔,有人走向狂热,追求优越的另一极端,也有人勇敢地正视自卑,选择克服与超越。显然,最后一种正是我们要努力的方向,不抗拒、不逃避,看清自己的优势,也接纳自身的不足,不求完美,但求成为完整的、内外统一的自己。

接纳真实的自我

自卑型人格者习惯用高标准要求自己,试图借助外在的优秀来弥补内在的自卑感,这是一种典型的防御。想要扭转这样的行为模式,第一步就是要接纳真实的自己。这句话可谓是老生常谈了,但要做到却实属不易,因为在接纳自我之前,我们得先做到直面自我。

许多自卑型人格者,在早年的成长经历中,养育者没能够为他们提供安全稳定的环境,而更多地让他们感受到压力与苛责,致使他们逼迫自己借助外在的优越条件,来摆脱这样的状态,继而失去直面自我的机会。相比之下,那些拥有良好而稳定的内在自我的人,在成长的历程中,其养育者给了他们足够稳定和一致性的回应,让孩子对自身的优点和缺点有一个客观的认识。如果养育者接纳了他们所有的优缺点,并没有任何的排斥与厌恶,那么孩子也就可以自然而然地面对自己,清楚地知道自己的优劣势。

早年通过亲子关系体验到的外界反馈是"我不够好、我是糟糕的",个体就会害怕直面自己,从而做过多的努力、不断获得进步,借此来避免这种不好的体验。可无论怎样做,个体的内在自我始终认为:我是糟糕的、丑陋的、不值得被喜欢的。

怎么来纠正这个认识呢?首先要说的是,直面自我不是任何人都能够做到的，它需要有一定的心理能量，有足够的安全感。如果这些条件不充分，直面自我很可能会让人彻底崩溃。个体必须要在一段安全的关系里，重新体验真实的自己，看看是否真有那么糟糕？然后，**重塑**过去的自我认知，并建立全新的对自我认知的客观评价。

有些人是比较幸运的，遇见了一位优质的知己，或是一个内在自我非常稳定的亲密伴侣。在与对方相处的过程中，他们不经意间把自己把最脆弱、最真实的一面展示了出来，而知己或爱人给予了他们理解、关爱和包容，这样的反馈是他们在过去的生命中不曾有过的。

随着这种体验的增多，他们开始慢慢地相信，真实的自己没有那么糟糕，每个人都有缺点和不足，这是再正常不过的事。有了正向的反馈，有了被接纳的体验，他们开始不再那么惧怕直面自我，并且可以客观地看到自身的优缺点。此时，他们依然会选择努力完善自己，但这份努力是出于"我很好，还可以更好"的信念，而不是为了掩饰潜藏于心、羞于启齿的"我不够好"的念头；他们的内在成长与外在表现实现了同频，即便暂时受挫了，他们也知道自己还有站起来的"能力"。

在现实状态中遇不到这样的安全关系时，寻找心理治疗师的帮助也是一条便捷的路。绝大多数时候，治疗师都是"贴着"来访者的节奏工作的，哪怕他意识到某一处存在"问题"，也要等到来访者想要去讨论的时候，再去触碰那个痛点。这样做的目的是构建安全稳定的环境，让来访者敢于卸下防御，呈现出最真实的自己。如果治疗师急着去讨论问题,而来访者没有做好心理准备,就可能会给来访者造成新的创伤,让来访者感到紧张恐惧,产生强烈的"不安全感",把自己"包裹"得更严密,增大疗愈的难度。

可能有人会说,上述的两种情况都属于"借力",即在关系中塑造全新的体验,帮助自己纠正错误的自我认知。如果不够"幸运",没遇到贴心的朋友或爱人,暂时又不想进行心理咨询,还有没有其他的选择?能不能依靠自己的力量去做一点努力?

当然可以。其实,自卑型人格者往往意识不到,他们在思维层面给自己设立了一套僵化的价值评判标准,无论他们变得多么优秀,取得了多大的成就,都没办法把那些外在的优秀内化到那套根深蒂固的评价标准里。这些僵化的标准可能是:经常拿自己的短处与别人的长处比较,越比越觉得不如人,在纠结和痛苦中,浪费了发展长处的机会;只关注自己做不好的地方,忽视自己做得出色的地方,一旦出现纰漏,就将责任全部归咎于自己。

如果自卑型人格者不能够认识到自己内心设立的这些僵化的标准,就会惯性地被这些标准困住,不断地用这些错误的、不合理的标准去评价自己。

卡罗尔·德韦克在《看见成长的自己》里提到过,人有两种思维模式:

其一,僵固式思维。具有这种思维模式的人,总是想让自己看起来很聪明、很优秀，实则很畏惧挑战，遇到挫折就会放弃，看不到负面意见中有益的部分，别人的成功也会让他们感觉受到威胁。他们的一生可能都停留在平滑的直线上，完全没有发挥自己的潜能，这也构成了他们对世界的确定性看法。

其二，成长式思维。这种思维模式的人，希望不断学习，勇于接受挑战，在挫折面前不断奋斗，会在批评中进步，在别人的成功中汲取经验，并获得激励。这样的人，不断掌握人生的成功，充分感受到了自由意志的伟大力量。

很显然，自卑型人格者陷入了僵固式思维的枷锁中，只想维系一个理想化自我的形象，害怕被人看到真实的、不够好的自己，完全忽略了自己也有成长和进步的可能。我们不是一个固定的容器，只能容纳"那么多"的东西；我们是一条流动的河，有急有缓，无法用单一的某段河流去评判……摆脱自卑，就是摆脱早年原生家庭的信念，停止用旧的思维去思考自己的人生，就是走向成熟与自信的开始。

阻断自卑困扰的练习

自卑情结，与个人的自尊水平息息相关，要提升自尊、提升自我价值，需要花费大量的时间和精力。尽管这条路很漫长，却是值得走下去的。在这个过程中，自卑型人格者需要掌握一些简单可行的方法，在自我感觉很糟糕的时候，及时把自己从低潮中拉出来。没有人能够做到一夜之间脱胎换骨，配合有效的练习，相信你会在时间的推移中，感受到自尊水平的提升，逐渐克服自卑的困扰。

练习1：验证不合理的想法

自卑型人格者喜欢给自己设置条件，一旦达不到，就会怀疑自己、否定自己。当脑海里冒出一些否定自己的念头，如"我身材不好，不会被人喜欢"时，用提问的方式去验证一下，自己的这些想法是否合理？

第1个问题：事实是这样吗？

反驳：为什么有些胖女孩也被人喜欢呢？

第2个问题：这个结论成立吗？

反驳：身材不好就一无是处吗？学识、智慧、修养、性格，不是吸引人的特质吗？

第3个问题：这么想有用吗？

反驳：脑子里想着"我身材不好，不被人喜欢"，能改变什么吗？

如果能够诚实地回答这些问题，就会从僵化的思考中抽离出来，让思维变得开阔，也能够更加理性地看待问题、看待自己。

练习 2：客观地描述事实

自卑型人格者在遇到外界刺激时，如被批评、被拒绝、事情没做好等，就会自我贬低。这是他们应对压力的一种方式，但很容易引发焦虑，进一步加剧自卑，所以是得不偿失的选择。遇到类似的情况，建议自卑型人格者换一种方式来解压：不用负面的字眼评价自己，而是客观地描述事情本身，或是自身的行为表现、特质、思想和情感。

例如，你提出的方案没有被领导采纳，不要因此给自己贴上"我做得不好"的标签，客观地评价一下你的方案，它是否完全符合项目所需？有没有考虑不周之处？最大的亮点是什么？下一次再做其他方案，有无可采用之处？思考到这里时，你往往就会发现，方案未被采纳，不等于自己做得不好、能力不够，它可能是多方面因素导致的。而且，在描述事实的过程中，你也寻找并肯定了自己的优势，知道自己具备的品质与价值。

练习 3：学会自我同情

对自卑型人格者而言，劝慰自己比劝慰他人要难，原谅他人却比原谅自己要简单。他们经常会因为各种错误、失败责备自己，在脑海里重复播放不愉快的经历，反刍自己的缺点和不足。如果你问他们，会不会用这样的方式对待家人、朋友，他们一定会摇头。这就是双重标准，一方面要求自己包容他人，另一方面却苛责自己。

要知道，我们的情感免疫系统是很脆弱的。在遭遇不愉快时，反复在脑海中批判自己，无异于雪上加霜。真正有效的方式应该是关闭自我惩罚的想法，试着去同情自己，以此让情感免疫系统得到恢复。具体来说，可以分几步完成：

Step 1：描述近期发生的一件事，写出具体情节和自己的感受。

Step 2：想象一下，这件事发生在你的家人或密友身上，他会有何体验？

Step 3：你不希望对方如此痛苦，决定给他/她写一封信，表达你的理解、同情与关心，并让对方知道，他/她值得你这样做。

Step 4：重新描述你对这件事的体验和感受，尽量做到客观，杜绝消极的评判。

这是一件很有挑战性的事，因为它打破了自卑型人格者一贯的思维模式，有可能会令人不适或焦虑，但是，如果能够坚持定期重复，可以有效地提高自卑型人格者的情绪弹性，减少自我批判，最终让自我同情变成一种自动的反应。

与自卑型人格者相处的法则

> **相处法则 1：**
> 真诚地欣赏和赞美自卑型人格者的某一长处

自卑型人格者对周围人的评价十分敏感，且很容易产生情绪波动。他们渴望从别人的态度、评价中了解自己，借助外界的镜子看到自己的存在。如果你身边有自卑型人格的朋友或下属，要多给他们一些客观、公正的评价，帮助他们正确地认识自己。同时，真诚地欣赏并赞美他们的某一长处或优势，帮助他们提升自信，逐步战胜怯懦与自卑。

> **相处法则 2：**
> 鼓励自卑型人格者去尝试新鲜事物和接受挑战

自卑型人格者总觉得自己什么都做不好，甚至把自己看成一无是处的人。实际上，他们缺少的不是能力，而是自信。在面对全新的事物或是挑战时，他们会习惯性地望而却步。这个时候，多给他们一些鼓励，对他们的实际情况进行客观分析，让他们重新审视自己。在此过程中，自卑型人格者会渐渐意识到，自己并不像脑海中所想的那么不堪，从而选择尝试，去挖掘和释放自己的潜能。勇气和自信，都是由小的成功体验积累而成的。

相处法则 3：
不调侃自卑型人格者的怯懦，不拿他们与任何人比较

自卑型人格者在内心深处经常会用自己的不足与他人的长处比较，以至于觉得自己一无是处，谁都比自己强。当他们在你面前表现出这种消极的、不自信的态度时，不要调侃他们胆小、怯懦，这会让他们更加地贬低自我。同时，也不要拿他们和任何人比较，他们会觉得，这是对自己的全然否定。不调侃、不比较，多关心、多肯定、多赞美，才能真的帮到他们。

相处法则 4：
多带自卑型人格者参加活动，扩大眼界和生活圈

自卑型人格者总是宅在家里，社交活动很少。如果你有这样的朋友或家人，记得多带他们出去玩，逛逛公园、爬爬山、看看电影，这些休闲的娱乐活动都是很好的。走出封闭单一的空间，扩大眼界的同时，也能开阔心胸，避免把所有心思都用来计较自己是否有能力、是否足够优秀。当然，出门游玩也要考虑到经济能力，不要让自卑型人格者感到有负担。

PART 07

自恋型人格
我是最好的，我爱因为我被爱

如果不努力发展自己的全部人格，那么每种爱的努力都会失败。

——弗洛姆

自恋的"女王"

19岁的女孩孙妍,在学校偷窃同学的手机,被监控拍摄了下来。

没有人敢相信,这件事情竟然是孙妍做的,因为她的家庭条件非常好,所用的手机全是最新款。她的父母都有高薪的工作,仅在北京的房产就有3处。在还回了同学的手机并接受严厉的处罚后,孙妍选择了休学,她无颜面对班级里的老师和同学。这件事情结束后,孙妍陷入了抑郁情绪中,而后在父母的支持下,走进了心理咨询室。

经过几次的沟通交流,孙妍与咨询师之间建立了信任关系,她也开始把自己那些从未告知过他人的想法和行为,逐一地说了出来。就偷窃手机这件事来说,她不是想要同学的那款手机,因为她自己的手机就是最新的,但她不喜欢看到有人和她用得一样,她喜欢周围的同学都围着她转,而不想有人"夺"走这份围观。

除了手机事件以外,孙妍在宿舍里还做过一些"欺人"的事。室友中有个女孩天生皮肤白皙,长得也漂亮,而孙妍每天要5点半起床,在化妆这件事上耗费一个多小时,力求每天光彩照人地出现在校园，就连在军训基地时也要化着妆去训练。她喜欢别人向自己投来"欣赏"的目光，而内心也嫉妒室友的天生丽质，所以她就经常"贿赂"其他几个室友，联合起来孤立那个女孩，经常在人家上晚自习回来之前，就把灯熄灭，让人摸着黑去洗漱和收拾。

　　孙妍经常会把一些护肤品送给室友，但她不会让室友们知道，那都是她不喜欢的，或是别人赠送的。只因都是品牌货，室友们也都乐于接受，她很享受室友们围着她，连声说"谢谢"的样子，好像自己是个"女王"，赏赐给了她们珍贵的宝贝。

　　注重外表的孙妍，在学校里也被不少异性追求，她享受别人的追求，却又看不上人家。之后，她交往了一位在医学院读研究生的男友。她觉得，跟同龄的女孩子讲，自己的男友未来会是出色的外科医生，是一件很有面子的事。然而，两个人的关系只维持了一年，对方就提出了分手。

　　孙妍特别愤怒，在她的字典里从来没有出现过，也不允许出现"被人甩"这三个字。于是，她跑到男友的学校，跟对方大吵大闹。原本，男友想和平分手，可被孙妍这么一闹，忍不住说了实话："我就想过正常的生活，谈一场普通的恋爱，不想伺候也伺候不了你这个刁蛮任性的大小姐。你真以为你是女王，所有人都得对你俯首称臣吗？"

　　结合孙妍在生活中的各种行为表现，以及她的成长经历，咨询师认为，孙妍是典型的病态自恋。孙妍的家境甚好，父母对其又是宠爱有加，这让她觉得自己和别人不一样，甚至比别人"优越",凡事都要顺她的心意,这样的家庭环境对她后天的人格健康成长造成了障碍。

我和别人"不一样"

自恋的英文单词是 narcissism,这个词语起源于希腊神话。

相传,河神与水泽女神之子纳西索斯,是一位长相非常俊美的男子,他生下来就有预言:只要他不看见自己的脸,就能够一直活下去。待他长大后,许多漂亮的女子都爱上了她,可他却对任何女子都不为所动。直到有一天,纳西索斯打猎回来,看见了清泉里的自己,他被自己的美貌打动,爱上了自己的倒影,始终不愿离去,最后枯坐死在了湖边。死后的他化身为水仙花,依旧留在水边守望自己的影子。

这是最早关于自恋的传说,后来,人们就用"水仙花"来形容一个人"爱"上自己的现象。事实上,每个人或多或少都有一些自恋的特质,就如现代人喜欢用美颜相机自拍,透过这一特效看见更美好的自己,这也是自恋使然。

健康的自恋,指的是一个人拥有稳定的"我是好的"的自我评价,但在肯定自己的同时,也能够接受自己不太完美的部分,这些缺陷不会让他对内在自我进行否定。比如:"我觉得自己还不错，只是个子稍微矮了点儿，但也没关系，毕竟世间没有完美的人。"

适度的自恋是有益处的，特别是在竞争的环境下，自恋者能够更加自如地展示自己，很少患得患失、瞻前顾后，也不太惧怕失败，因为他们认为自己是有能力的。在日常生活中，自恋者不太会在意他人的看法，会力争自己想要的东西，比如：餐厅的面包口感不好、找回的零钱有些破旧、背景音乐不好听，她都会找来管理人员，力求得到自己想要的结果。在同样的情况下，许多人会选择听之任之、退一步海阔天空，但自恋者不会善罢甘休，他们不去想会不会惹人不高兴，只会认为这是自己的权利，值得去捍卫。

当自恋过了头，就会演变成人格障碍，对自我价值感过分夸大。具体来说，自恋型人格障碍者会表现出以下几种行为特性与模式：

·认为自己是"特殊"的，只能被其他特殊的人或地位高的人所理解。

·希望被他人崇拜，但本身又并不具有与之相配的能力与成就。

·对侮辱、失败和批评反应过敏，并有侵略性反应。

·思想被权利、财富、成功、漂亮、爱情等幻想占据。

·缺乏共情，不愿识别和认同他人的情感与需要。

·明明心里嫉妒别人，却反过来认为别人嫉妒自己。

·设定不切实际的目标，且毫不犹豫地为实现这些目标采取极端措施。

·在人际关系上剥削他人，即为了达到自己的目的而利用别人。

严格来说，要确定是否属于病态自恋，需要先排除个体是否存在器质性病变，再通过精神科医生进行专业测试，才能真正地确诊。不过，我们可以将上述所列举的这些行为特质作为参考，毕竟病态的自恋会严重影响患者的人际关系和社会生活。

自恋型人格障碍者，总是觉得自己和别人"不一样"，应当比其他人得到的更多，且所有人都要尊重这一点。在他们看来，规则是给普通人设定的，不适用于自己。以"高铁霸座"来说，我们都知道这是违反规则的行为。如果当事人是一个病态的自恋者，当你指出其问题所在时，他不仅不会感到尴尬，反而还会燃起愤怒：为什么我不能这样做？凭什么让我这样一个不同寻常的人物去遵守平常的规则呢？然后，他可能就一直霸占着座位不肯动弹。

当然了，现实中多数的自恋型人格者，在为人处世时尚且不会表现得这么极端。他们可能会在团队合作中，表现得比较张扬，无视其他同事，给人一种特立独行的感觉；或者是在亲密关系中，只想着自己的需求，忽略对方的感受和需求，认为对方就得无条件地关注自己，对自己呵护备至。

如果自恋型人格者本身才华横溢且颇具魅力，那么别人对他的自恋也会给予较高的包容度，甚至会欣赏他们的自信与侃侃而谈。但问题是，自恋者总是想获得更多，并最终变得令人难以忍受。所以,在工作方面,自恋型的领导很容易引发下属的怨恨和消极情绪,给公司带来损失;在情感方面,自恋型的人也很难与他人建立亲密而热烈的关系。

另外的一些研究结果显示,自恋型人格者比普通人更容易在遭遇"中年危机"时陷入抑郁之中。他们一向自命不凡,倘若人到中年尚未实现早年的梦想,甚至与预想中的生活大相径庭,这会让他们对"我是不同寻常之人""我比别人强"的自我形象产生怀疑。对他们来说,这种自我形象和理想生活的破灭,足以成为致命的打击。

自恋创伤 VS 自恋放纵

很多人都想了解,自恋型人格是怎么形成的?为什么有些人的自恋很健康,有些人的自恋却发展成了病态呢?实际上,自恋形成的原因是复杂的、多方面的,但在众多的因素中,影响最大、破坏性最强的是以下两点:

自恋创伤(narcissistic wound)

自恋创伤,就是自恋患者在成长过程中负性的生活经历,即感觉真实的自己不被他人接受,或被认为不好。这种情况通常在童年期出现，并且以特定的方式影响自恋患者。从那时起，他们就戴上了人格面具，与真实的自我相违背，以换取他人的接受、尊重、认可，从而避免痛苦、侮辱与伤害。这种补偿机制，可以帮助自恋患者抑制内在的羞耻感，以及对自我的厌恶感。

不少80年代的朋友，都看过偶像剧《放羊的星星》，尤其是对里面的女二号"欧雅若"印象深刻。她出场时的角色是知名企业的珠宝设计总监，漂亮、优雅、有才华，在事业上也很努力。同时，她还有两个令人羡慕的身份，其一是南极科学家的女儿，其二是企业继承人兼总经理的未婚妻。一切都完美至极，简直像是没有后妈的白雪公主。

追剧的过程中，吃瓜群众大都会吐槽欧雅若，这个女人太虚伪、太会耍心机了，做了很多令人不齿的事。可越往后看，越对她"恨不起来"了，因为在她的傲慢自大、优秀出众乃至不择手段的背后，藏着一个可怜又可悲的事实：她不是白雪公主，甚至连灰姑娘都不如，她是一个杀人犯的女儿！

在成长的过程中，欧雅若长期遭受父亲的家暴，并目睹父亲的各种恶劣行迹。父亲被捕后，她成了无人照看的"孤儿"，但这对她而言已经很好了。由于从小家境极差，导致她十分要强，甚至有些不择手段。就这样，她慢慢地往上爬，试图摆脱过去的一切，并给自己精心打造了一个"南极科学家女儿"的人设。

随着剧情的发展，这个掩饰多年的秘密逐渐被揭开，一切都在不断脱轨。到最后，欧雅若所有的算计、隐忍和希望，通通化为泡影。我们不能像推理小说一样，去推理青春偶像剧的情节，但"欧雅若"这个形象，却是十分真实的。借由她，我们也能够直观地看到，自恋患者为了让自己更容易被他人接受，拼命地饰演着自命不凡的角色，可真相却是，他们一直在跟内心的不足感作斗争，这种自恋倾向也在破坏他们与周围人的关系。

自恋放纵（narcissistic indulgence）

自恋放纵，通常是家庭、社会、教育或职业等因素影响了自恋者的认知，让他们觉得自己比他人更特殊、更优越。这种认知让自恋患者觉得，他们有权利获得特殊优待，不应该受规则的束缚，也应当被周围人迎合着、追捧着，这是他们的"自然权利"。我们在开篇的案例呈现中看到的琳琳，就属于这种情况。

不过，放纵的自恋患者虽然在外面上看起来很傲慢、很自负，但这种病态的本质是，他们的自尊完全建立在外物的装饰上，其内在是一个难以填补的黑洞，被强烈的不安全感与自我怀疑笼罩。当别人无法及时满足他们的需求时，他们就会勃然大怒。如果丢失了在人前的那份"优越"的光环，自恋患者立刻就会觉得自己像一个无名之辈。

无论是哪一种情况导致的病态自恋，都有一个共同点：自恋者早年没有得到很好的呵护，没有在重要关系中感受到自己"可爱""被接纳""安全"。正因为此，自恋者难以与他人建立真正的关系，因为他们的内心世界只有自己，把本应该流向外界的爱和欣赏留给了自己，通过这种对自我的关注和肯定获得一些安慰。当然，这些都是在无意识中进行的。

自恋型人格障碍给患者带来的最大灾难是，当有一天这种自我肯定不得不面对现实的否定时，即现实无法满足他们的自恋与控制欲时，他们内心那个脆弱的自我将被摧毁，自我世界彻底崩塌，随之而来的恐惧和焦虑会让他们手足无措，像孩子一样哭闹、歇斯底里，甚至绝望至极。

走出病态自恋的沼泽

病态的自恋，可以治疗吗？这是许多人都关心的问题。之所以这样问，是因为在一些网站上，有人提出自恋患者是"操控大师"，甚至能够欺骗有经验的心理咨询师。事实上，病态的自恋是可以被有效地治疗的，只是改变有些困难，但并非不可能。要相信，每个人都有成长和发展的能力，自恋型人格者也是一样的。

然而，有一些事实还是要说明：有些人意识到自己有心理困惑，但没有意识到他们潜在的问题是病态的自恋。正因为没有发现问题的本质，他们才选择了错误的疗愈方式，甚至在寻求专业的心理援助时，也没能找对合适的咨询师。另外一点就是，疗愈病态的自恋需要漫长的过程，且要经过痛苦的自我反思，需要自恋患者卸下心理防御，直面自己潜在的羞耻感与低自尊。然而，一条有意义的人生路，再难，也值得去走。

要缓解病态的自恋，有两个日常的练习，可以尝试去做：

练习1：列出自我中心的行为并逐渐改正

病态的自恋最主要的特点就是以自我为中心，而人生中最以自我为中心的阶段是婴儿期。从这个角度来说，病态自恋者的行为其实是一种退行，就如朱迪斯·维尔斯特所言："一个迷恋于摇篮的人不愿丧失童年，也就不能适应成人的世界。"

要缓解病态的自恋，就要了解自己有哪些退行的行为，可以试着列一个清单，写出"自认为不受人喜欢的人格特征"和"他人对自己的批评"，例如：

（1）渴望持续被人关注和赞美，一旦不被注意就采取偏激的行为。

（2）喜欢指使别人，把自己视为"女王"或"主人"。

（3）对别人好的东西垂涎欲滴，对别人的成功充满嫉妒。

实际上，上述这些就属于退行行为。当意识到这些之后，可以时常告诫自己：

（1）我要努力工作，用出色的业绩来赢得他人的关注与赞美。

（2）我不再是小孩儿了，许多事情我可以自己来做。

（3）每个人都有属于自己的好东西，我去争取自己应得的，不嫉妒别人拥有的。

在这个过程中，也可以找一位亲近的人作为监督者，让你在出现退行行为时提醒你，督促你改正。随着时间的推移和不断的努力，以自我为中心的行为就会慢慢减少。

练习2：学会关心，学会付出，学会爱别人

病态的自恋者认为，自己有理由利用他人来实现自己的目的或愿望。所以，他们与人交往的目的，往往就是利用对方，无法设身处地地考虑对方的权利、感受和愿望，只会掠夺而不知道有所回报。弗洛姆在《爱的艺术》中提出过这样的观点：幼儿的爱遵从"我爱，因为我被爱"的原则，成熟的爱遵从"我被爱，因为我爱"的原则；幼儿的爱认为"我爱你，因为我需要你"，成熟的爱认为"我需要你，因为我爱你"。

病态自恋者的爱，就像是幼儿的爱。所以，病态的自恋者要自我救赎，必须学会去爱别人。最简单的做法就是在生活中关心别人，在别人需要帮助的时候，伸出援手；在别人生病的时候，送出真心的问候。尝试付出，尝试关心，尝试给予，病态的自恋就会慢慢减轻。因为，爱不是我们与生俱来的一种本领，而是需要通过后天习得的能力。

与自恋型人格者相处的法则

> **相处法则 1：**
> **重视礼仪细节，给予自恋型人格者真诚的赞赏**

自恋型人格者的内在信念和行为模式是：自认为是与众不同的重要人物，希望得到他人的重视与欣赏。这就提示我们，在跟自恋型人格者相处时，一定要重视礼仪规范，哪怕是迟到、弄错了介绍顺序等小细节，都可能会激怒他们。要知道，他们是非常敏感的，一定得谨慎对待，稍不留神就可能被视为对他的不尊重。

想要跟自恋型人格者保持良好的关系，真诚的赞赏必不可少。切记，是真诚的赞赏，而不是虚伪的奉承，如果你选择了后者，那么等待你的可能会是一场大麻烦。所谓真诚，就是要让你的赞赏有所指，比如："新买的连衣裙颜色很衬你的皮肤""你刚才的反手击球太帅了""如此刁难的客户你都能签单，真不是一般人能比的"，这样的赞许都会让他们感觉到你看到了他的价值所在，如此一来，他们就不会极力地在你面前表现自己。同时，对于你给他提出的一些意见，他也会多一份重视。

> **相处法则 2：**
> **通过自己的视角和解释，让自恋型人格者辩证地看待事物**

如果你和自恋型人格者已经建立了一定的信任关系，那么你可能会经常听到这样的声音："琳达真是太笨了,连个表格都做不好""我没法把事情交给那个一无是处的家伙""最讨厌她那种忘恩负义的人了""老赵摆明没把我放在眼里,有什么了不起的"……这些话潜藏的意思就是,那些人没有对他表示出足够的尊重和重视。

这个时候,你该如何回应呢?你可以通过自己的视角去诠释他说的情形,让他意识到,不同的人看待事物的观点有区别,要辩证地看待人和事。当然了,在传递这些信息之前,你还是要先共情对方,表示你能够理解他的想法。注意,理解不代表同意和认可,只是在情感上表达同理心,这样有利于对方更好地接受你的观点。

相处法则 3：
在自恋型人格者面前保持低调,避免他们心生嫉妒

嫉妒的感受,绝多数人都体验过。相比常人来说,自恋型人格者在发现别人拥有自己渴望得到并自认为应当得到的好处时,会产生超级强烈的嫉妒心理。他们认为,自己是"拥有特权"的那个人,理应比其他人得到的更多,所以他人获得的成功或优待,对他们而言就是一种煎熬。假如你最近遇到了好事,升职加薪、乔迁新居或是获得遗产,最好不要跟自恋型人格者分享,他们不会替你感到开心,只会为此陷入痛苦,并损害你们之间的关系。

> **相处法则 4：**
> **有技巧地提出明确、具体的批评，不要进行人身攻击**

自恋型人格者特别敏感，要对他们提出批判需要讲究技巧，切不可直截了当地说："你太自以为是了""你不觉得你太自私了吗"。这样的批评"含金量"不高，既无法明确地指出问题，又很容易激怒自恋型人格者，他会拼命地去证明你是错的，甚至把你当成死敌。往后再相处的话，也会变得格外艰难。

你可以试着换一种批评方式，指出一个显而易见的事实，并不牵涉对方整个人的具体行为，如："这次的会议很重要，你没来参加也没提前说一声，这种做法让我有点生气""我能理解你责怪苗苗做事太慢，可她毕竟是个新人，也需要一点时间来适应"。总之，如果能在批评之前，递给他们"一颗糖"（赞美），他们会更容易接受。

> **相处法则 5：**
> **提高自我意识，避免被自恋型人格者操控**

电视剧《扫黑风暴》中，幕后反派高明远给人的印象深刻。他深居简出、外表儒雅、品味考究，给人一种儒商之感，实则却是心狠手辣、无恶不作的黑社会组织者。他的身上有着自恋型人格者的特质，追过该剧的朋友一定还记得这段台词：

"这么多年了，我就是为了绿藤，几乎我前半生都在为编织绿藤这个童话，绿藤经济腾飞、人民安居乐业、处处盖高楼、人人有工作……所有的，这些成果，哪一个和我高明远没关系？甚至，绿藤的GDP也是由我来掌控的。我才是绿藤百姓的衣食父母、我就是整个绿藤真真正正想干事情的那个人！你现在管我要公平？我就是公平！"

他把自己做的脏事、坏事，说得冠冕堂皇，还编造犯罪有理论，妄图占据话语权，简直自恋到令人发指。更要命的是，像高明远这样一个自恋型人格者，身边不少人都被他操控了。他指使人杀害了麦佳的父母，却能让麦佳心甘情愿地爱他。区长董耀想摆脱高明远的控制，险些遭到活埋。他身边的所有人几乎都是棋子，他没有真情，所追求的只是一种全能的掌控感。

极端的自恋人格者是危险的，社会福利工作者桑迪·霍奇基斯在其阐释自恋的著作中提到："当你与这些人相互交流时，他们对现实的歪曲可能会让你怀疑自我并质疑自己的认知。"没错，极端的自恋型人格者会表现出极强的自信，他会竭尽全力让你相信你是错的，严重地影响你的自我价值感，令你深陷羞耻之中。现实中不少的PUA事件受害者，就是遭到了自恋型人格者的精神打压。在相处的过程中，他们不断地贬低和改造受害方，对其一切评头论足，迫使他们迎合自己心中的标准。

如果你发现关系中的另一方是自恋型人格者，且呈现病态的倾向，不要想着改变他们，要及时止损，并且彻底远离他们，不给对方伤害自己的机会。如果彼此之间关系甚密，无法轻易断开，该怎么办呢？请你务必做好两件事：

第一件事：区别自身的价值与他人的评价。

不要因为自恋型人格者的评价、贬低和指责，就去怀疑自己。要知道，自恋型人格者是以自我为中心的，不符合他的标准和口味，他都会进行批判。所以，你要清楚真实的自己是什么样子——你的价值，不要被自恋者对你的评判带偏——那是他强加给你的评价。如此，就等于构建了一道防火墙，让自己免受伤害。

第二件事：改变与自恋者的相处方式。

人与人之间的相处模式，都是在长期的互动中慢慢形成的。好与不好的关系模式，都不是独角戏。习惯性地讨好，会导致自恋者把你的付出当成理所当然；习惯性地妥协，会导致自恋者对你的贬低和打压变本加厉。正如一句话所说：别人对待你的方式都是你所教的。

如果你希望自恋者停止对你的指责和贬低，那就要改变你们之间的互动模式，不要再持续原来的习惯性反应，而要采取替代性反应。比如，他指责你的衣品太差，过去你都是默默忍受，怀疑自己的眼光确实不太好，这就是习惯性的反应；现在你可以不理会他的评价，也可以告诉他，你自己对衣品的看法；如果对方的话说得很难听，也可以翻脸，说选择什么样的衣服是自己的权利和喜好，用不着任何人指指点点。无论哪一种反应，都和过去不一样，你的做法也会让对方感到惊讶，并开始思考你的意见。

PART 08

被动攻击型人格
我很不满,却不敢直接表达愤怒

如果我以一种戴着面具的方式与他人相处,维持一种与内心体验不同的表面的东西,于人于己毫无帮助。

——罗杰斯

拖延背后的愤怒

28岁的苏怡,身材生得娇小,个性却颇有棱角。她的职场路一波三折,前后换了三四家公司,总是碰到"合不来"的上司。眼下,苏怡正在一家文化公司担任策划。不过,她已经跟闺蜜透了底,这份工作做不长了。

"我实在看不惯那个女魔头,每天事事儿的,拿着鸡毛当令箭,以为公司是她开的呢!我这个人虽说没有很强的事业心,可自问做事还算靠谱,每次的策划案都是用心做的,部门的同事也觉得不错。唯独到了她那里,这也不行,那也不行,非得按照她的想法自己再修改一遍……我看过她修改后的方案,不是在我的基础上添油加醋,就是给改得面目全非。最后,交到老板跟前,说她自己付出了多少心血!这种做作的样子,太让我讨厌了。

"我心里憋屈啊!以前,我就那么忍着,把怨气藏心里。后来我想想,干嘛非得委屈自己呀,很多时候错并不在我。现在,给我安排下来的策划案,我就给她拖着,哪怕脑子里有想法,也迟迟不交上去,看她急得像热锅上的蚂蚁,我觉得特痛快,内心一下子就平衡了。我就是想看看,她在老板面前出丑的样子……"

熟悉苏怡个性的朋友觉得，苏怡选择用这样的方式释放对上司的不满，很符合她的个性。一直以来，她都是个我行我素的"自由派"，讨厌被世俗偏见以及那些不必要的规则束缚。学生时代，如果老师布置的是开放式的作业，让大家自由发挥，苏怡每次都能出其不意，且乐此不疲。如果是限制题目，她会觉得很压抑，每次都要延期才交，做的内容也比较糊弄。

在工作方面，她很少向同事伸出援手，倒不是她能力不幸，而是她不愿意做。和男友一起生活也如是，尽管男友已经承担了大部分的家务，但在提出让苏怡整理一下换季的衣服时，她还是会拖着这件事，或是把房间弄得乱七八糟。然而，当朋友搬家，苏怡主动提出帮忙打扫卫生时，她也有能力把一切打理得井井有条。朋友心中有一个疑问：苏怡的做法真的是个性使然吗？

用隐蔽的方式攻击

心理学将"攻击"分为两种，一种是主动攻击，另一种是被动攻击。所谓被动攻击，也叫作隐形攻击，就是用消极的、恶劣的、隐蔽的方式发泄愤怒情绪，以此来攻击令自己不满的人或事。其表现形式有很多，如：表面服从，暗地里以拖延、敷衍、不合作等方式妨碍工作；不给予表扬，挑剔他人；经常性地迟到，轻易可以履行的承诺却总是食言。

当一个人经常在人际关系或职场中表现出中等程度的这些行为时，我们就可以说他具有被动攻击型行为模式。对于这样的情况，如果个体努力克制自己的行为，或是由心理咨询师介入，这种模式是可以改变的。如果这个人的行为是过度的，几乎在所有的领域都是如此，危害了他的社会关系、人际关系和职业发展，那么根据《精神障碍诊断与统计手册》的诊断标准，他就可以被确定为具有被动攻击型人格障碍。具体来说，至少出现下列行为中的4种，才能被诊断为被动攻击型人格障碍：

· 消极地拒绝承担例行的社会责任和工作任务，不完成分内工作，不遵守合作计划。

· 总抱怨别人不认可自己，却不尝试努力让别人了解自己。

· 阴沉不乐，总是为了小事与他人争论不休。

· 毫无理由地批评和讽刺那些当权的人，认为绝大多数上司都是无能的。

· 憎恨和嫉妒在不同方面出色的人，质疑他人的成功，尖酸刻薄地奚落别人的业绩。

· 经常抱怨自己运气不好，不停地指出自己遭受的所有忽视与不公正待遇。

· 在恶意的挑衅和痛苦的悔恨之间徘徊，有时会为自己的咄咄逼人后悔，并试图弥补。

通常，只有经验丰富的临床医生才能正确地诊断出被动攻击型人格障碍，一般人很难觉察。所以，我们不能在生活中随意地给人贴标签，像苏怡这样的情况，她只是以较为轻微的方式表现出了上述的某些而非全部特征，只能说她有被动攻击型人格的特质，却不能扣以"被动攻击型人格障碍"的帽子。

不少被动攻击型人格者在成长过程中，受家庭观念的影响，不允许表达负面情绪，否则的话就会招来惩罚或批评。这就限制了他们愤怒情绪的表达，使其将来走向社会后，倾向于用被动攻击的方式来表达不满，并形成了根深蒂固的观念：我必须拒绝任何人想要控制我或影响我行为的企图，即便他们有权这样做。有时候，一个人太能干、太强大、太成功，会威胁到我，我不得不让他们付出代价，只是我要处理得巧妙一些，不给他们抓住我、反击我的机会，否则，我的面具就会被揭开，我无法在公开的冲突中保证自己的安全。

诚实而积极地看待自己

被动攻击是一种不成熟的自我防御，因为它没有从根本上解决问题。举例来说，你以拖延的方式表达不满和愤怒，但对方并不了解你的感受，也就不会作出改变。下一次，他们还会以同样的方式对待你。更糟糕的是，这种被动攻击还可能会破坏彼此的关系，如长时间不回复消息、拖延完成任务，这样的做法会让对方沮丧又懊恼。

要怎样才能避免这样的情况发生呢？或者说，如何减少用被动攻击的方式处理问题？

第一步：识别被动攻击的行为模式

当有些问题"被看见"了，就有了理解和改变的可能，怕就怕意识不到问题所在？通常来说，被动攻击主要有以下几种典型模式：

· 否认愤怒——我很好，没关系。

· 口头顺从，行为拖延——我打完游戏就去工作。

· 停止交流，拒绝沟通——你说得对，就听你的。

· 故意降低效率——我做报表了，但没想到你是要最近一个月的。

· 规避责任——我以为这是 XX 负责的。

· 忘记重要的事——我忘了检查细节。

也许，在过往的日子里，你不知道自己为什么会出现上述情景，但现在希望你能够意识到，它们可能是一种信号，提醒你内心对某人或某事存在不满，你要重视它。

第二步：认识到自己为什么会有被动型攻击行为

被动型攻击者之所以会选择用隐蔽的方式进行攻击报复，多是出于以下几方面原因：

· 不擅长坚定立场，不知道如何在冲突中维护自己。

· 在控制他人的过程中，看到他人垂头丧气或失望，会感到满足。

· 有强势严厉的、控制欲强的父母，小时候无力反击。长大后重演童年的剧本，选择用隐蔽的方式进行反击。

· 在自我期待和外界期待之间存在落差，知道自己不足所在，却不愿承认。

· 被嫉妒和恨意吞噬，无法与人争高下，就想搞垮别人又不被反击。

第三步：尝试接受自己的愤怒，学习解决冲突的技巧

威斯康辛大学绿湾分校心理学博士 Ryan Martin，长期致力于对愤怒的研究。他在 TED 演讲中提到：愤怒这种情绪并不是"问题"，而是一种提醒。当我们愤怒时，要思考一下，到底是什么让自己如此生气？是对方强势的态度，对自己的不尊重，还是其他？无论是哪一种，当我们能够正视愤怒时，就对自己有了更深入的了解。

与此同时，还要学习解决冲突的技巧，用温和而坚定的态度与人沟通，坚持自己的主张。想要立刻改变被动攻击的行为

模式，并不是一件容易的事，毕竟它已经成为一种自动的习惯。不过，就像我们前面所说，在意识到有些言行可能是被动攻击时，可以尝试向信任的人表露情绪。心理学研究证实，当我们能够坦诚地表露自己的感受时，不但不会损害关系，反而还会促进彼此的情谊。

与被动攻击型人格者相处的法则

相处法则1：
温和友好地与被动攻击型人格者沟通，收起命令的姿态

被动攻击型人格者对他人的轻视有着敏锐的觉察力，如果你摆出一副高高在上的姿态，向他们提出要求，立刻就会激发他们的敌意。换位思考一下，如果有人生硬要你去做一件事，你是什么感受？将心比心，体会一下被动攻击型人格者的感受，你就会明白，以温和友好的态度与他们沟通，更有利于让他们配合。

举例来说，你准备让下属今天完成一份报告，而她手里的工作已经很多。这个时候，千万不要说："今天下班之前，把这份报告做出来。"你可以换一种方式："我知道你的工作已

经排得很满了，但这份报告很重要，你看能不能协调一下，今天把它做出来？"这种方式给了对方一定的自主权，也显示了对她的理解和尊重。

> **相处法则 2：**
> **不要以家长的姿态对被动攻击型人格者进行说教式的批评**

被动攻击型行为是一种反抗权威的方式，而我们在生活中接触到的第一个权威典范就是父母。从这个角度来说，我们会不由自主地以父母教训我们的方式来对他人提出批评，而我们也讨厌这种说教式的批评。所以，在对被动型人格者进行批评时，要摒弃那种评判好坏的道德高论，如"你这个人就是很自私""你的做法很不好"。你可以向对方描述自己所指行为的后果，如"你这份策划案递交得有点晚，这影响了整个团队的工作进度，也让我作为乙方的代表很被动。"

> **相处法则 3：**
> **发现被动攻击型人格者的反抗行为时，要及时地作出反应**

当你看到身边的同事、家人或朋友阴沉着脸、做事效率低下时，不要想着坐等事情过去，如果对方是被动攻击型人格者，这更是一种错误的处理方式。因为被动攻击型行为，通常就是在昭示"我有话要说"，如果你对此毫无觉察，或是装作若无其事，对方就会变本加厉，直到你作出反应。与其拖延以至事态更糟,不如在刚刚发现对方出现类似赌气或暗中报复的迹象时,主动去询问,比如:"我看你不太高兴,是我误会了吗?"这样的话,对方就无法安然做出被动攻击型行为,且能够更快地、更坦率地表达他们的想法。

> 相处法则4:
> 提醒被动攻击型人格者遵守游戏规则,调整自己的行为

当被动攻击型人格者在工作上表现出消极怠慢时,不妨提醒对方:"这几天以来,我觉得你好像不太愿意接受我指派给你的工作任务,我让你搜集的资料、统计的数据,你都没有给我。我曾在会上说过,如果对工作安排有异议可以说出来,但你当时没有说。我知道,可能你不太喜欢做一些事务性的工作,觉得这些事太琐碎、不能体现个人的才华,但公司有公司的规定,团队协作要求每个人做好分派给个人的任务。如果你想继续和团队一起完成这个项目,那么我希望接下来的这段时间,你能按照要求把该做的事情做好……"当然了,这样的一番谈话未必能够解决所有问题,但总好过视而不见、自己生闷气,或是陷入相互报复的恶性循环之中。

PART 09
表演型人格
为求关注,我要不遗余力地表演

在人前我们总是习惯于伪装自己,但最终也蒙骗了自己。

——弗朗索瓦德

办公室里的"戏精"

罗莉说,她越来越受不了同事岑璐了,觉得她一天到晚都在"演戏"。

岑璐和罗莉几乎是同一时期入职的,到现在有一年多的时间,彼此也算是相熟了。起初,罗莉只觉得这姑娘爱出风头,看到一群人谈笑风生,她就会参与进去,并逐渐掌握话题的主动权,抢占职场社交圈中的 C 位。时间久了,罗莉发现,情况不只是这么简单。

公司的主打业务是网络技术,男同事比较多。在这样的环境中工作,罗莉比较注意自己的言行和装扮,尽量都是选择偏日系的知性女装。岑璐则不然,她要么穿深 V 领的针织衫,要么穿迷你短裙,秀出大长腿,给人的印象总是很深刻,几乎没有人不会注意到她。

罗莉看得出来,岑璐想要的就是这样的效果,可一旦有人跟她搭腔,她又摆出一副淡漠的态度,即"有事说事,没事勿扰",和她性感的装扮形成明显的对比,就好像她从来都没有意识到,她的穿着散发着挑逗的气息。特别是在开部门会议时,大家围坐着讨论,岑璐翘起纤瘦的腿,不时地用手抚摸自己的小腿,几位男同事偶尔会快速地瞥上一眼，而她还是装出一副浑然不知的样子。

前些天部门组织团建，订了一栋独立的别墅，吃饭、开会、娱乐休闲都能满足。大家准备饭菜时，岑璐忍不住要想炫一下自己的厨艺，其实就是一道简简单单的小炒肉，却弄得像是宫廷秘传一样。等到了吃饭时，她刚刚的兴奋劲儿全无，又摆出一副腹痛的模样，让身边的同事和领导对她嘘寒问暖。看电影的时候，只是一处滑稽情节，岑璐的笑声却充斥着整个房间。之后，她又跟一位新来的年长男同事爆料，在德国留学时有位富家子弟追求她，回国初次就业时被有妇之夫的男领导骚扰……罗莉想不明白，为什么要跟男同事说这些私事？

那两天的团建，罗莉基本上没怎么和岑璐说话。于是，在团建结束的那天傍晚，岑璐一脸委屈地问罗莉："你是不是不喜欢我？"她那哀怨的眼神看起来就像一个被抛弃的小姑娘，眼眶里还噙着泪水，然后竟说起了她这段时间在家庭、生活上遭遇的种种不顺。罗莉不禁动了恻隐之心，这一刻的岑璐，和团建时游走在同事中间的那个性感女郎判若两人。

罗莉实在困惑：到底哪一时刻的岑璐才是真实的她？或许，哪一个都不是真实的她，即便是在倾诉痛苦的时候，她也只是在扮演某一个想要引人注意的角色而已。

不遗余力地时刻表演

岑璐总是在费尽心思地吸引周围人的注意：穿着性感的衣服，不动声色地招摇，做出挑逗的举动；团建时凸显自己会下厨、做饭考究；向新来的男同事透露隐私；看电影时夸张地笑，而后又在罗莉面前表达自己的无助，情绪变化多端……这一系列的日常行为令人困惑，她到底是刻意为之，还是本性如此？

岑璐的身上有着表演型人格的典型特征，即：外表看起来充满魅力，言行举止常常过分夸张，一举一动都是为了吸引别人的注意，时时刻刻都在不遗余力地表演。他们对身边的每个人都彰显出了热情，但很可能他们并不喜欢周围人，在现实中也几乎没有真正的朋友。一位表演型人格者曾经自述道："我谁都不喜欢，只是在人多的场合里，我会不由自主地变得热情开朗，瞬间开启自嘲模式，为了成为大家眼里的开心果，希望他们喜欢我。可我心里明白，这些人都是过客，不能走心，可能今天分别了，这辈子都不会再见了。"

表演型人格特质，本身没有什么问题，把这一特质运用好，反而可以给人带来正向的能量。毕竟，我们都希望自己是美好的，用美颜相机照一张照片，把幸福快乐的时刻分享到朋友圈，都是在记录人生。怕就怕，不惜使用各种手段去谋求他人的关注，不停地刷存在感，那就会陷入表演型人格障碍的境地。

表演型人格者的内心存在明显的冲突，他们一方面在人群中努力地突显自己，另一方面又深切地感觉到没人理解自己，就像一句话所说："人群中高兴得像个孩子，背地里孤独得像个影子。"他们在人前卖力地表演，无非是想获得他人的肯定，让大家关注自己。

有些心理学家认为，表演型人格的形成与原生家庭有密切的关系。女性表演型人格者的背后，通常有一个软弱不称职的母亲和一个威严又有魅力的父亲。父亲对女儿既严厉又溺爱，这一矛盾的形象让女儿不知道是该亲近父亲，还是该害怕父亲？母亲的顺从又进一步促成了"女性天生弱小"这一卑微观念的形成。在这种家庭里长大的孩子，一方面害怕被异性看不起，一方面又渴望获得异性的认可。在感到不安全、害怕被拒绝或身处险境的时候，她们就会用退行的方式来保护自己，比如表现出软弱、乖巧的一面，以此换取事态的平息。

表演型人格者总在努力地表现自己，让自己看起来充满魅力，其深层目的是获取他人的认同，这是他们维系自尊和安全感的主要途径。只是，这些行为通常会引起他人的误解。

没有掌声也要从容前行

如果我们发现自己有比较明显的表演型人格特质，该怎么办呢？

方法1：主动融入环境，不要用夸张的言行表现自己

置身于人群中，不能只顾展示自己，完全不考虑其他人的感受。可以主动地融入环境，但要提醒自己，按照正常的方式去交际，放下用夸张言行表现自己的想法。要知道，奇怪的举动不会帮你赢得朋友、赢得尊重与欣赏，反而容易让人觉得你很刻意、心生误解和厌恶。为了吸引眼球，牺牲了真正结交朋友的机会，那就得不偿失了。

方法2：注重自身的情感体验，不要太关注外界的看法

能够获得外界的认可，固然是一件好事，但我们自身的价值不是由外界来评定的。没有掌声的时候，不要觉得自己是没有价值的，做一些自己真正喜欢的事，学习一些能提升自我的技能或知识，把注意力集中在自己身上，关注自己的情感体验，而不是想着如何让别人关注自己，用迎合的方式获得关注。

> 方法 3：学会建立信任关系，向他人表达自己的需求

表演型人格者在人前卖力地表演，不过是为了避免受到伤害。这是在成长过程中，形成的一种固有的相处模式。所以，想要改变表演型人格，就要学会和身边的人建立可信任的关系，学会爱他人，以及向他人表达自己的需求。这是一项必要的社交训练，平日可以多看看与之相关的书籍，把有用的建议慢慢地落实到生活中。

谨记：你可以表达爱，也可以表达不满；你可以和喜欢的人在一起，也可以疏远你不喜欢的人；你有选择权，不必做一个迎合所有人的悲情小丑。当你能做到在人前不卑不亢、落落大方时，你就真正地走出了表演型人格的旋涡。

与表演型人格者相处的法则

> 相处法则 1：
> 了解表演型人格的行为特点，适当给予表现空间

表演型人格者经常会做出一些夸张的行为，这不是任性所致，而是他们人格存在的方式。了解这一点，有助于我们更好地面对他们的戏剧化行为，而不是主观地认为他们在"胡闹"。

当他们做出某些极端表现时，与其大发雷霆，不如坦然接受，适当地给予他们一点表现空间，但要划定游戏规则，引导他们做出较为恰当的举措。

> **相处法则 2：**
> **不要嘲笑表演型人格者，这会让他们情绪失控**

表演型人格者的种种表现，往往会招来周围人的嘲笑。也许，他们的某些行为让你嗤之以鼻，但千万不要嘲笑他们，因为他们很容易激动，十分在意他人的看法。任何一种能给人带来伤害的嘲笑行为，对表演型人格者的伤害都会加倍，这也可能会导致他们不择手段地去赢得你的关注，如痛哭流涕、自残自杀等。

> **相处法则 3：**
> **不要被表演型人格者的某些诱惑行为迷惑**

表演型人格者会不遗余力地获取他人的关注，在这个过程中，他们有可能会做出一些带有性暗示的举动，比如：穿性感的衣服、露出魅惑的微笑或眼神。请注意，千万不要被这些行为迷惑，一旦你试图接近他们，很有可能会被他们愤怒地推开！因为他们所做的一切，不过是为了引起注意，并不意味着他们渴望发展亲密的关系。换句话说，他们表现出开放的姿态，甚至频繁地更换伴侣，并不是出于真实的欲望，而是想让别人认为他们很有魅力。

当表演型人格者在你面前表现得多愁善感、脆弱不堪时，你可能会心生同情，忍不住想要去保护和怜惜对方。请注意，千万不要让自己卷入其中，那些行为是他们为了引起情感交流的条件反射，一味地顺从会让他们变本加厉。

> **相处法则 4：**
> **当表演型人格者做出正常举动时，及时进行正向强化**

当表演型人格者在某些时刻没有表现出戏剧化的极端行为，而是做出了正常的举动，这个时候一定要及时给予正向强化，比如：对他们的行为表示欣赏，看着对方点头以示赞同，并且提出问题让对方知道你在认真倾听。这样的做法，既适用于儿童教育，也适用于管理工作和应对人格障碍者的原则。

> **相处法则 5：**
> **为表演型人格者在仰慕你和贬低你之间循环做好准备**

表演型人格者有把身边的人理想化和贬低化的倾向。他们可能是想追求自己无法真正体会到的情感，也可能是不自觉地重复体验早年的经历。如果你身边有这样的人，他们可能一开始会对你表达仰慕，将你视为偶像。但如果你辜负了他，他就会把你贬得很糟糕。对于这样的情况，不必过分担心，这是他们的人格特点所致。只要你重新表现出对他们的兴趣，他们就会重新把你拉回到偶像的位置。

PART 10

控制型人格

给你温柔关怀,让我成为你的主宰

在任何特定的环境中,人们还有一种最后的自由,就是选择自己的态度的自由。

——弗兰克尔

以爱之名的伤害

珊莎近日的睡眠很不好，总是做一些追杀的噩梦，脾气也变得很暴躁，动不动就跟同学闹别扭。身为大学教师的父亲，当然也知道青春期的孩子比较叛逆、易激惹，但他还是无法接受这样的情况出现在自己女儿的身上。

父亲很关注珊莎的状态，也花了不少时间和精力去处理和珊莎的关系。母亲提醒他说，珊莎可能就是升学压力有点儿大，多给她一些时间和空间。父亲嘴上说理解，但他还是认为不能掉以轻心，珊莎的问题肯定比表现出来的更为严重。他还不断地向妻子强调，自己就是担心女儿，任何负责任的父母都不会轻视孩子的问题。

上一次的模拟考试，珊莎的成绩不太理想，勉强接近重点高中的分数线。父亲第一时间联系了班主任，但班主任认为，一次考试说明不了什么，珊莎的平日成绩还是不错的。父亲依然不放心，认为珊莎可能是心理上有困惑，就连忙预约了一套完整的专业心理评估，其中也包括智力测试。

心理评估结束后，珊莎本人是很欣慰的，因为她第一次体验到了全然被理解的美妙。然而，父亲却对心理评估的一些反馈很不满，他嘴里念叨说："珊莎从小学东西就很快，学习成绩一直都很好，报告却显示她的智力只是一般水平，我根本不信。"关于珊莎的梦境，心理医生的观点是，不要把自己逼得太紧，噩梦也显示了父母对她的期望过高，特别是父亲。父亲不认可这一说法，他觉得谁都不如自己更了解自己的女儿。

很快，父亲就在网上花高价给珊莎报了一个课程，并承诺每天晚上陪她一起学习。他还坚信，用这样的方式陪伴女儿有助于构建融洽的父女关系，他完全可以依靠自己的能力找回那个他一向很了解、一向引以为傲的小女孩。

父亲告诫珊莎，他所做的一切都是"为她好"，希望她健康快乐，这个世界上没有谁比他更想把她照顾好。珊莎被动地接受了父亲的安排，但她已经对学习和生活感到有些厌倦，内心的压抑和痛苦无处诉说，现实的处境也让她无能为力。

披着羊皮的狼

看到珊莎的生活处境，你会认为，父亲真的是为珊莎好吗？真相恐怕没有那么美好，父亲不仅欺骗了珊莎，也欺骗了他自己，他所做的一切不过是打着关心和照顾的幌子，以爱之名来实现自己的意愿。

许多细节都透露出，珊莎的父亲总是按照自己的想法行事，哪怕是面对家人，也不知道什么时候该止步，什么时候该让步。他经常强调，自己是最关心女儿的人，当妻子有不同的意见时，他会说一些让对方感到愧疚和自责的话，比如"任何负责任的父母都不会轻视孩子的问题"。其实，珊莎的母亲也很有责任心，当她听到这样的话并相信自己可能忽视了女儿的问题时，她就会停止现有的做法，而这正是他想要的结果。更巧妙的是，这种合理化解释将他真实的目的悄无声息地掩盖了。

在整个家庭中，珊莎的父亲总在用有效策略控制妻子和女儿。他持续不断地向妻子传递一个信息：如果她的行为满足自己的期待，他们之间的关系就会很融洽。他总是把自己的意志凌驾在女儿之上，以爱之名进行操控，让女儿满足他的期待，也就是考上某一所重点高中，将来就读他中意的那所大学。

珊莎的父亲是一位大学教师，文质彬彬，几乎不说粗话，但他却在家庭里实施着情感暴政。还记得开篇时我们提到，珊莎经常做被追杀的噩梦吗？根据精神分析理论的解释，珊莎在潜意识里可能存在伤害父亲的欲望，因为父亲的做法让她感受到了冷漠无情、自私专制，可她又无力回击，这些感受只能在梦中得到释放。

现实生活中与珊莎父亲相似的人并不少见，他们的这种思维和行为模式透露着控制型人格的特质。提到控制型人格，许多人会想当然地认为，这类人一定是因为从小被娇生惯养，以至于形成了强烈的控制欲。然而，事实果真如此吗？

不是的。心理学家研究发现，大多数的控制型人格者极度缺乏安全感，他们通常有着一对控制欲较强的父母（或是父母中的某一方），这些父母没有严厉凶狠的表现，他们对孩子非常温柔，用呵护备至的方式胁迫孩子顺从自己，让他们按照自己既定的计划成长。一旦孩子没能遵从他们的意愿，他们就会摆出"我都是为你好，我为你付出了那么多，现在只是对你提出一个小小的要求，你竟然都不乐意"的腔调，试图让孩子萌生愧疚感，继而利用这种愧疚感去控制孩子的行为，让他们顺从自己的意愿。

从这一层面来说，"我是为你好"可能是父母最大的谎言，不仅欺骗了孩子，也欺骗了自己。孩子不是父母的私有物品，他们是独立的个体，亲子关系也需要建立在平等关系上，需要彼此尊重。引导和控制是两回事，父母在孩子成长的过程中需要饰演的是引导者的角色，让孩子清楚事情的利弊、做事的底线，然后让他们自己去作出选择。

在以爱之名的控制之下长大的孩子，对许多事情都失去了掌控感，他们的自尊心会变得极度脆弱，并开始向其他方面寻求控制感。所以，看上去很可怕的控制型人格者，内心往往是极度渴望被认可、被肯定的人。

有人把控制型人格者称为"披着羊皮的狼"，听起来不太舒服，却精准地道出了此类型人格者的行为模式：尽力地隐藏自己的意图，用不易察觉的方式巧妙地进行斗争，且极其善于伪装。表面上对他人嘘寒问暖，营造出温柔贴心的形象，实则在处理问题时冷酷无情,丝毫不顾及他人的需求和感受,完全按照自己的想法行事。

隐性攻击者的策略

了解人格特质,不是为了随意地给他人下定义、贴标签。如果身边的某个人在某一天表出现了控制型人格者的特点,我们不能断然他就是控制型人格,因为人格是一种稳定的行为模式,而不是一种短暂的行为特点。

那么,控制型人格的特点是什么呢?说得更直观一些,作为隐形攻击者,他们会利用哪些策略来掩饰自己的攻击意图,让对方在思想上感到困惑、怀疑自己,产生撤退的冲动呢?

策略1:扮演完美受害者,利用他人的内疚感实行操控

詹妮想要离开家一段时间,生活的琐碎与疲惫已让她无力应对,尤其是还要面对一个经常酗酒的丈夫。可是,才离开家一周,她就开始内疚了,这种体验并不是第一次。过去多次的经历告诉她,离家的做法会让丈夫的戒酒进程出现倒退的情况。她曾经劝丈夫去看戒酒门诊,而丈夫不太愿意,他说:"在工作和家庭都很顺心、你也支持我的时候,我很少会喝醉酒。"

詹妮觉得，丈夫的话也不是完全没有道理，每次都是她感到厌烦想要离开他的时候，他的酗酒问题才会"复发"。

这一次，詹妮的内疚感比以往更强烈一些，因为丈夫对她说："感觉厌烦，就独处一段时间吧！不用担心积压的工作，不用担心孩子们没人照顾，也不用担心我会酗酒。"可是，在周末的通话中，詹妮听到丈夫的声音有些嘶哑，但他还是说："公司最近正在裁员，但你放心，我不会喝醉酒，也会尽最大努力照顾孩子……"听到此话，詹妮更加内疚了。

有没有留意到，詹妮的痛苦源于丈夫酗酒，但丈夫却悄然地把自己变成了受害者，他一直在诱导詹妮因在关键时刻离开自己而感到内疚。詹妮是一个善良又心软的人，听到丈夫说"工作和家庭顺利、有她支持时不会酗酒"的论调，她认为自己是自私的，在情感上忽视了丈夫。事实上，丈夫的做法是在弱化自身的问题，利用詹妮的内疚感实行操控，让她觉得自己没那么糟糕，自己的酗酒是情有可原的。

策略2：对自己的有害行为赋予合乎情理的解释

这是一个功能强大的策略，控制型人格者总是强调，自己所做的一切都是合乎情理的，并为此提供恰当的理由。当身边的人被说服，相信他们的行为举止是合理的，就不会阻碍他们实现目标。珊莎的父亲就是一个例子，他希望珊莎成绩优异、考上某所重点高中，母亲对珊莎的状态感到不安，提出希望给她多一点时间和空间。但珊莎的父亲却指出，他是关心女儿，任何负责任的父母都不会忽视孩子的问题。言外之意，他是在履行父亲的职责，是在"帮助"他的孩子。与此同时，他也变相地羞辱了珊莎的母亲：你对女儿的问题不够重视，你是一个不称职的母亲。如此一来，既显得自己的行为合情合理，又瓦解了来自珊莎母亲的阻力。

策略3：以隐秘的方式威胁他人，让对方陷入劣势地位

控制型人格者经常会威胁身边的受害者，让他们感到焦虑、恐慌，从而陷入劣势地位。这种威胁不是直接的、强硬的，而是微妙的、间接的、隐秘的，且不带有明显的敌意或恐吓。

比如，他们录用了一位经验不足、急需工作保障生活的新人，让其承担大量的工作，却从不提加薪，留意到对方有这样的请求时，他们可能会说："现在的工作不好找""很少有企业会选择没有经验的新人，谁不愿意招来的人立刻就能给公司创造效益""你要学的东西还很多"。他们喜欢让别人一直处于劣势地位，对其进行操控和剥削。

策略4：站在道德的制高点指责他人，最终实现精神控制

内心极度渴望被认可的控制型人格者，很害怕别人看不起自己。正因为此，他们往往会采用打压别人的方式，来满足自身的优越感，具体的做法就是站在道德的制高点，给别人施加压力。比如，当对方犯了错误后，他们总会摆出一副正义的模样，

铁面无私地指出对方的错误，即便只是很小的一个问题，也会被他们扣上一个大罪名。长期被这样对待，受害者会产生自我怀疑，且对他的话深信不疑，认为自己什么都不好，不再信任自己的判断。

以上就是控制型人格者对他人实行操控的策略，是不是很隐蔽？

当然了，可能有些朋友在看完这些内容后，觉察到自己在生活中也存在控制型人格的特质。若真如此的话，该怎样进行改善呢？

第一，正确认识自己的控制欲。控制欲强的人，总在为身边的人操心，当对方不顺从自己的意志时，就会产生负面情绪。所以，控制型人格者要意识到，想要绝对地占有、控制别人的思想和行为是不可能的。人都是独立的个体，都有自己的想法和意志，良好的关系和融洽的感情建立在相互尊重的基础上，要允许彼此之间存在差异。

第二，依靠自己去获得安全感。控制欲强是内心虚弱的表现，在人际关系中，最大的安全感来自内心。当自己的内心足够强大，能够做到自我接纳、自我认可时，就不需要去控制他人了。

与控制型人格者相处的法则

> 相处法则1：
> 审视自己的性格，克服容易被操控的弱点

控制型人格者总能抓住他人的性格弱点，知道如何使用羞耻与内疚让其让步。如果你在生活中有以下几方面的性格特质，就很容易被对方操控：

特质1：习惯讨好

如果你认为自己的存在是为了满足他人的需求，那么你就具备了被操纵的第一个特质。你的情绪完全跟随着他人对你的期望高度，你答应别人的请求并非完全出于自愿，也不是真心想去帮助他人，只是害怕无法满足他人的期望。其实，你不必活得那么卑微，没有一个生命是为了满足他人而存在的，别人怎么看你，对你有何期望，不是你活着的唯一目标。

特质2：太过尽责

对自己要求太过严苛的人，在证据不足的情况下，更容易倾向于信任操控者。即便他们做了一些伤害你的事情，让你处于劣势地位，你也可能会责备自己。

特质3：不懂拒绝

在跟别人说"不"时，如果你的内心总是充满内疚和罪恶感，总觉得这样做就会令人失望，那就要小心了。习惯了退让和妥协，

会让控制型人格者得寸进尺。要知道，拒绝别人不合理的请求不丢人，这是对自己负责。如果你实在觉得难以启齿，试着保持沉默，或者转移话题，都比委曲求全好得多。

特质 4：自我缺失

很多人不清楚自己在一段关系中的位置，也就是我们常说的"没有自我"。自我缺失直接引发的问题就是依附，缺乏完整的独立意识，没有成为真正的自己，很容易被他人控制。当这种依附感越来越强时，就会面临"得到"和"求而不得"的失衡。若想摆脱剥削与操控，就得先找回自我，学会对自己负责，人只有成为真正的自己，才有可能达到与他人的和谐，让彼此的关系成为相互支持，而不是相互需要。

相处法则 2：
坚定自己的价值，不因控制型人格者贬低和羞辱而怀疑自我

控制型人格者总是习惯性地贬低、羞辱他人，甚至把自己犯的错误赖在别人身上。遇到这样的情形，不要把他们的话当真，他们这样说只是为了满足膨胀的自我意识，因为他们内心是虚弱的，也没办法面对自己犯错的事实。在多数情况下，那些贬低和羞辱不过是他们内心虚弱的投射，别因为这些评价而相信自己有那么糟糕，要坚定自己内心虚弱的价值，全然关注那些能够给自己带来成功体验的事情。你活得越自信，越充实，就越不容易被他们操控。

相处法则 3：
面对控制型人格者的不当行为时，有技巧地进行对质

当你识别出了控制型人格者采用了某些策略，试图让你顺从或承担责任时，你要持续关注他们对你的伤害，不接受他们为回避问题、转移责任所找的借口，坚持要求他们做出行为上的修正，明确他们应当承担的责任。

这种对质是必要的，但在对质时要讲求一些技巧：对质的方式要坦率，仅聚焦对方的不当行为，不掺杂敌意、不刻意诋毁、不威胁对方，你只需要保护自己，保证自己的需求。重要的是，在他们采取行动的初期，就迅速地作出反应，把自己从劣势地位中解救出来，让他们知道，你在争取权力平衡。

相处法则 4：
直接提出要求，坚持得到清晰的、直接的答案

和控制型人格者相处，避免无谓争吵的同时，要争取保护自己的利益。你要设定自己的边界，让对方明确地知道你的底线在哪儿，该拒绝时要拒绝；同时，你也要敢于提要求，用"我"开头的语句，明确你究竟想要什么、不想要什么、不喜欢什么，如："我不喜欢你……""我要你……"这种直接而具体的请求，可以避免控制型人格者曲解你的需求和期望。如果直接、合理的请求没有得到直接的回应，你要知道，这是控制型人格者在与你对抗。此时，郑重地告诉对方，你提出的问题很重要，

理应得到清晰、直接的回应。

> **相处法则 5：**
> **集中精力专注于当下的问题，避免被引导带偏**

当控制型人格者的行为遭到质疑时，他们会采取牵制性的、逃避性的策略让你偏离正在对质的问题。有时，他会翻出很久以前的事情，指责你做了什么、说了什么，扮演受害者的形象。这个时候，千万不要被他们带偏，你要集中精力专注于当下，不提及过去，也不去预测未来，专注于你想要的答案和结果。如此一来，他就很难操控你。

PART 11

偏执型人格

心怀恶意的人太多,我不得不时刻提防

健康的人不会折磨他人,往往是那些曾受折磨的人转而成为折磨他人者。

——荣格

噩梦已终结

离婚5年后，顾晴终于可以静下心来，谈论一下她的前夫：

他叫赵立，我们原来在同一家公司任职。他性格沉稳，颇具才华。对周围人一直都是不冷不热的样子，保持着距离感。我性格外向，跟同事们打成一片，偶尔也会开赵立的玩笑。渐渐地，他对我的态度发生了变化，我无心的一句话，他都会记得清清楚楚，给我制造了不少惊喜。当然，我也意识到，赵立只是对我表现得比较特殊，他在同事之间并不太受欢迎。

没过多久，赵立就从公司离职了，说公司的待遇不太理想。不过，我们之间一直保持着联系，他对我的追求也没有停止。我想事情很简单，每次跟他讲述自己遇到的问题，赵立总是会露出那深邃而充满疑惑的眼神，帮我辨析各种可能性。从小不太被父母关注的我，对这样一个沉稳的男人，产生了强烈的心理依赖。

其实，赵立身上有我不喜欢的特质，他对人总是冷冷的，给人一种难以接近的感觉。说话的方式，偶尔也让人感到不舒服。可即便如此，我还是选择和他在一起，并把结婚之事提上了日程。现在想来，那个决定太草率了，可我也不能以现在的认知去评判和责备当时的自己。以我当时的认知,"他对我好"就行了,完全不知道,人格健全也是选择恋爱、结婚对象的一个重要参考。

果不其然,在结婚的那天晚上,我们就闹了不愉快。赵立阴沉着脸,说我家的一位叔辈"骂"了他,而我却怎么也想不起来,这个"骂"字从何说起?他还说,我纵容了别人这样对待他,我听得一头雾水,完全不知道怎么接话,心里也觉得委屈,毕竟是结婚第一天呐!

婚后,随着相处的时间越来越多,我发现赵立对周围人的冷淡,本质是一种不信任,甚至是一种充满负性的猜疑和妄想。赵立一直觉得,他是三线小城市出来的人,我是土生土长的北京人,我们全家及亲戚"看不起他",嫌弃他是外地人。我问他,有谁说过什么吗?他说:"不用说,我看得出来。"可想而知,他带着这样的想法,在跟我的家人接触时,总免不了去编排别人的话语和眼神。

对公司的领导和同事,赵立同样充满了怀疑。当他把自己的项目计划书发送给领导后,就会一直盯着手机,总要第一时间得到领导的反馈,他才会觉得安心。否则,他就会想:是不是领导对我有意见?他到底是怎么想的?偶尔,他还会跟我抱怨同事:"那群人真是闲得无聊,整天凑在一起不知道说什么?我总觉得,公司里有人在背后捣鬼,不希望我拿下最近的这笔订单,人心叵测。"

最让我气愤和懊恼的是,他竟然连我也怀疑。我记得很清楚,那时女儿刚 4 个月,姨妈和表哥打电话,说要来家里看望我们。

我放下电话后,想着出门买点菜,回来准备午饭,让赵立在家照看孩子。可等我回来后,孩子在床上躺着哭,尿不湿看起来鼓鼓的,里面还有大便,他竟然在书房里开着电脑,充耳不闻。

我给孩子收拾干净后,问他:"你听不见孩子在哭吗?"他用一种冰冷的眼神怒视着我。我完全不知道哪里出了问题?他的关注点似乎不在这件事上。随后,他把我的手机扔在桌上,说:"你自重一点,信任这个东西一旦破坏了,就很难弥补了。"我愣了片刻才恍然大悟,他翻看了我的手机微信,把一个朋友前两天群发的"中秋节消息"当成了暧昧的聊天,因为它是一个问句,大致就是"回复就证明你心里是有我的",而我刚好就随意地回了一句:"放心,世界和我爱着你。"我告诉赵立,消息都是群发的,可他的表情告诉我,他根本不信。当然,他不只是翻看我的手机,连同我的QQ、其他社交平台的互动消息,都会定期查看。

类似的事件,随着生活的推进,变得越来越多,越来越频繁。我知道,赵立不是一个坏人,可他无法相信任何人,甚至把身边的人都当成假想敌,和他在一起我太累了。在女儿2岁生日过后,我向他提出了离婚,而他却认为是我出轨了,完全把自己当成了"受害者"。

离婚的过程很曲折,过往一些微不足道的冒犯他都会怀恨在心,我真的害怕离婚这件事会刺激到他,让他做出伤害我和我家人的举动……在赵立看来,他是最大的"受害者"。那段时间,我的担忧一直没有远离,夜里经常会做同一个梦:开车到了一个陌生的地方,终于看到了一户人家,不料房子里住的竟然是一个精神病人,他死死地纠缠着我不放,笑得狰狞而诡异,我拼命地挣扎,直至被自己的叫声惊醒。

如今,我们已经离婚5年了,也许是时间的缘故,也许是地理上拉开了距离,我们都渐渐地回归了各自的生活。我多次思考过,赵立为什么会用那样的方式去看待人和事。很遗憾,我没有跟他的父母深入交流过,彼此了解得也不多,想来也是挺可悲的:都没有弄清楚他是在什么样的家庭环境下长大的、不了解他的父母是怎样的人,就和他结婚了,这也为我的婚姻失败埋下了一定的伏笔。好在,一切都过去了,噩梦已终结。

每个人都跟我过不去

透过顾晴的描述,可以看得出,她的前夫赵立是一个敏感、多疑的人,即便周围人对他没有任何的不轨之心,他也会表现出极度的不信任,甚至把周围的人都当成自己的假想敌。更糟糕的是,他会把别人很平常的举动,如同事间的说笑,理解为是有意针对自己。

当顾晴因群发消息的事情向赵立解释时,他表现得很顽固,根本不相信那只是玩笑。可见,不管是在工作上还是生活中,他都对身边的人充满了怀疑，质疑他人甚至亲近之人的忠诚，总担心自己的权益受到侵害。同时，他们也难以表现出温情或积极的情绪，缺少幽默感，给人一种冰冷、难以接近的感觉。

像赵立这样的人，似乎具有一种偏执型人格，也称为妄想型人格。这类型的人格者，有一种根深蒂固的信念："这个世界充满了阴谋，人人都心怀恶意，而我是脆弱不堪的，为了保护自己，我不得不时刻提防。"他们内在的预警系统，就像是陷入了运作不良的状态，哪怕是无关紧要的小摩擦，也会触发警报。

其实，身处令人紧张的情境，或是面对高挑战性的事物、以及少见或未知的情形时，我们都会倾向于认为身边的环境是有威胁性的，且会做出带有敌意的阐释。多疑的特质之所以会存在，也是因为它们有利于防范敌人、避开潜伏的陷阱、提高生存的机会。但凡事有度，一旦超过了限度，敏锐警惕就会变成敏感多疑，仿佛这世界上到处都是骗子和坏人。

偏执型人格者有为自己寻找敌人的倾向，且不断地想要证明自己的怀疑。比如，赵立在看到同事说笑时，就怀疑他们是在议论自己、嘲笑自己。为此，在跟这些同事相处时，言行举止就会夹杂些许敌意和怀疑，而同事自然也会感觉到。久而久之，他们可能会真的对赵立产生不满，私下议论他这个人的处事方式。这样的结果，刚好坐实了赵立的臆想："你看，我说什么来着，他们就是一群卑鄙的人。"

毫无疑问，和偏执型人格者相处是很辛苦的，他们敏感多疑、心胸狭隘，思想行为又很固执，容易产生病态的嫉妒，却又难以宽容他人的过错。他们可能会无端地怀疑伴侣对自己不忠，对生活工作中的挫折和他人的拒绝过度敏感，总是把一些正常的事物解释成"阴谋"，而将自己视为永远的"受害者"。他们时刻处于高度警惕的状态，提防他人的攻击，并蓄意收集别人的疏忽、怠慢和过错，紧抓不放。哪怕别人是一片好心，他们也会心存怀疑，认为别人的"狐狸尾巴"迟早有一天会露出来。

令人无奈的是，偏执型人格者几乎没有自知之明，很少会主动求医，他们绝不会认为自己有什么问题。对于过去在工作或人际关系中的失败，他们都会声称是别人的错，而真实的情况往往大相径庭。那么，偏执型人格是如何形成的呢？

成长经历是一个重要因素。偏执型人格者早年可能生活在一个缺少关爱的家庭环境中，或者是经常受到指责和否定，这使得他们养成了孤僻的性格，不愿意与他人沟通交流，也难以形成同理心，无法充分地理解他人言行举止背后的含义，继而容易对他人产生猜疑。

如果个体在成长过程中，父母的管教过于严格，或是经常以殴打、冷战的方式进行惩罚，就很难养成爱的能力，无法以友好的方式与他人建立联结，总是想通过控制他人的方式去锁定关系，从而获得安全感。

社会环境对偏执型人格的形成也有影响，比如家庭条件比周围人都要差，或是自身存在某种生理上的缺陷，都可能导致严重的自卑心理。因为自卑，所以异常敏感，对他人和周围的环境充满了不信任感,一点微不足道的小事,都可能让他们的内心产生巨大的波澜。在这样的处境下,他们会被强烈的孤独感包围,并对自己提出了很高的标准和要求,但这些要求又与他们自身有限的条件形成了较大的矛盾和冲突,让他们变得更加脆弱和敏感。

改造非理性观念

如何了解自己或他人是否具有偏执的人格特质呢?

根据《中国精神疾病分类方案与诊断标准》,偏执型人格往往具有如下特征:

·广泛猜疑,经常把他人无意的、非恶意的,甚至是友好的行为,误解为敌意或歧视;经常没有根据地怀疑会被他人伤害或利用,极度敏感。

·把周围事物解释为不符合实际情况的"阴谋"。

·过分自负,遇到挫折或失败总是归咎于他人,认为自己永远是对的。

·易产生病态的嫉妒,对他人的过错难以宽容。

·过分怀疑恋人或伴侣有新欢或不忠,但不是妄想。

·过度自负,有以自我为中心的倾向,总感觉被压制、被迫害。

如果符合上述情况中的3项，就说明具有偏执型人格的倾向。不过，任何人的人格都不是完美的，哪怕是发现自己存在偏执的人格特质，也要相信是可以通过自己的努力走出黑暗的。比如，要增强自我认识，学会辩证地看待自己，不要过分夸大弱点、忽视优点，悦纳自我是发展健全自我的关键。另外，要走出自我封闭，放弃顾影自怜，多参加社会活动，培养乐群个性，通过交友获得鼓励、信任、支持与安慰。

　　如果无法靠自身的力量从心理困惑中解脱，也可以向心理咨询师寻求帮助。

　　来访者小森是一位大学三年级的男生，他长得比较瘦小，身高只有165cm，且患有高度近视。在学校进行实践活动时，他与班里的一位男生发生冲突，多亏旁边的同学阻拦，才没有动手打人。在学校老师的建议下，小森开始在校内接受心理治疗，同时他本人也有求助的愿望，因为在过往的人际交往中，他也感觉很痛苦。

　　治疗师了解到，小森出生在农村，上有2个姐姐，是家里唯一的男孩。父亲脾气暴躁，对他要求甚严，总是挑剔毛病，从来不给予肯定和鼓励，挨打挨骂是家常便饭。全家人都要听父亲的决策，母亲完全没有话语权。从小到大，小森跟同学、老师打交道的方式就是发生冲突，而在所有的冲突中，他都感觉自己是被轻视、被欺负的一方。

　　在谈到父亲和与他发生过冲突的人时，小森表情凝重，眼神和语气中都透着怨恨，认为全是对方的错，是他们先冒犯了自己，他所做的一切都是为了保护自己。针对小森的行为表现，以及症状自评量表（SCL-90）的检测结果，小森被诊断为偏执型人格障碍。

治疗师认为，父亲严厉的教养方式、自身身材矮小并伴有高度近视的生理问题，以及母亲在家庭中的角色缺失，让小森形成了自卑、敏感、自尊心极强的人格特征，强烈渴望获得尊严，但对尊严形成了歪曲的认知，据此形成了偏执的思维逻辑。针对小森的情况，治疗师采用了认知疗法，帮助小森认识到，他不易与他人建立良好关系的内在原因，共同探讨用更具功能性的思维方式替代原有的歪曲认知模式。

经过一段时间的治疗，小森意识到，他之所以感受到他人的轻视、敌意或威胁，都是因为内在的信念和自动思维。在遇到类似情形时，及时纠正脑子里的想法，告诉自己"对方不是针对我""是我的偏执在误导我"，就会感觉轻松许多。大概进行了20次的治疗后，小森与同学之间的关系开始慢慢有所改善，虽然也会发生冲突，但频率大幅降低。他在描述父亲或其他人时，态度也变得柔和了许多，不再充满了怨怼与憎恨。

无论是自我调节还是接受心理治疗，最终让改变得以发生、落实到实践中的人，终究还是自己。生活在纷繁复杂的世界，冲突纠纷和摩擦是难免的，学会忍让和克制很关键，而最为关键的是在待人处事时经常提醒自己，不要陷入"敌对心理"的漩涡，自动地将所有人都列为"怀疑对象"，要对心中那些非理性观念进行改造，去除极端偏激的成分：

·非理性观念：我不能容忍别人的丝毫不忠！

观念改造：我不是说一不二的国王，别人偶尔的不忠是可以原谅的。

·非理性观念：世界上没有好人，我只能相信自己！

观念改造：世界上有好人也有坏人，我应该相信好人。

·非理性观念：对于别人的挑衅，我必须立刻予以反击，显示我不容侵犯。

观念改造：对于他人的攻击，不必立刻反击，我要弄清楚自己是否真的受到了侵犯。

·非理性观念：我不能表现得柔和，这会给人一种好欺负的感觉。

观念改造：我不敢表示真实的情感，这说明我的内心是虚弱的。

每当故态复萌时，试着默念一下那些被改造过的观念，切断自己的偏激行为。如果不知不觉地表现出了偏激行为，事后要回顾一下当时的想法，找出当时的非理性观念，然后进行改造，以免重蹈覆辙。

与偏执型人格者相处的法则

讲真,偏执型人格者真的不太好相处,但生活中有时不可避免要与这样的人接触,他或许就是我们身边比较亲近的人。无论怎样,理解这一人格特质,并掌握与之相处的方法,就可以避免碰触对方的逆鳞,有效地减少矛盾冲突。

相处法则 1:
批评偏执型人格者要指出具体的行为,不说带有人身攻击的话

顾晴在处理离婚的问题中很不顺,她很希望赵立能够意识到自身的问题,而对方却没有自知的能力。情急之下,顾晴就对赵立说了类似这样的话:"你这种人简直不配结婚生子""你应该去看心理医生"……她的本意是想指责赵立,唤醒他的自知,却不承想换得的是赵立更深的误解,认为顾晴从一开始就看不起他。

可以说,在处理这一问题时,顾晴犯了一个大忌。向偏执型人格者表达愤怒时,千万不能进行人身攻击,这如同在触碰他们的逆鳞,往往会遭到夸张的报复。更有效的做法是,指责对方的行为,如:"你总是怀疑身边的人看不起你""你一直认为我的家人对你有偏见""我再也不想看见你用怀疑的目光扫射我和我的家人了"。用这样的话来表述,更容易让偏执型人格者接受，并了解你的真实感受。

> **相处法则 2：**
> **发生误解后及时跟偏执型人格者沟通，避免他盲目猜想**

和偏执型人格者交往，经常会令人感到疲惫和恼火，你不知道哪一句话或哪一个举动，会在不经意间"得罪"他们。许多人在遇到这类问题时都懒得去解释，认为问题不在于自己，该去反思和矫正的是对方。这种心情是可以理解的，但这种处理问题的方式并不理想。明明可以澄清误会还自己"清白"，为什么不去做呢？况且，你主动去澄清误会，本身也是对偏执型人格者的一种帮助，你可以帮助他改善对人际关系的悲观看法，意识到不是所有人都如他所想的那般心怀叵测，心存善意者还是存在的。

> **相处法则 3：**
> **重视礼节性的问题，不要让偏执型人格者感觉被轻视**

新同事入职，主管召开了一个简短的见面会。在新同事做了自我介绍后，主管逐一介绍了小组的成员，言辞幽默风趣。在最后介绍西蒙时，主管的手机铃声响起，虽然他按下了拒听键，但紧下来的介绍却显得比较仓促，简短地说了几句，就宣布散会了。小组成员各自回到工位继续做事，西蒙却对刚刚发生的事情耿耿于怀，他认为主管不拿自己当回事。实际上，主管是接到了妻子的电话，他的父亲这两天住进了ICU，他实在担心有意外状况。

由此可见，很小的一个礼节性的错误，都可能会让偏执型人格者产生误解。为了避免这样的情况发生，在跟偏执型人格者相处时，一定要严格遵守程序：使用礼貌用语、介绍他们时不要出错、及时地回复消息，不要轻易打断他们的话。当然，也不要表现得过分热情友好，他们敏感的预警系统会探测到哪些言行是真诚的，哪些是巴结逢迎，一旦他们觉察到你缺少诚意，他们立刻就会对你的意图产生怀疑。

相处法则 4：
向偏执型人格者传递信息要明确，避免对方胡思乱想

偏执型人格者极度敏感，对所有人都持怀疑的态度。所以，跟他们沟通交流，千万要注意措辞，尽量避免传递有可能被歪曲和误解的信息，要尽量做到清晰、明确，以免他们根据模棱两可的信息来进行猜测和臆想。比如，你可以这样对一位偏执型的同事说："你没有跟我商量，就把原来的方案全部推翻了，这让我感觉很不舒服，毕竟我也付出了心血。"但你不能直截了当地指责说："你这人怎么这样？真是没法和你一起共事！"

相处法则 5：
与偏执型人格者保持不远不近的距离，避免采取回避态度

一旦意识到身边的某些人是偏执型人格者，多数人都会不由自主地想要远离，毕竟和他们相处太辛苦了。如果对方是一个你可以远离且不会带来伤害的人，那么这样做没有问题。可如果现实的情形让你无法避免与对方打交道，那么拉开距离的方式就不是一个理想的选择，这可能会让他们觉得你看不起他、厌恶他。

陆昊早晨刚到公司，就被上司训了一通，说他给客户递交的报价单有问题。上司走后，陆昊阴沉着脸，办公室里显得格外安静。原本爱说爱闹的李琳，这会儿也像是工作达人，反常地在那认真做事，一整天都没跟陆昊说话。这让陆昊心里更加不悦，他觉得李琳应该是跟上司说了什么？不然的话，她为什么要回避自己呢？

看，这就是偏执型人格想问题的逻辑，你对他采取回避态度，他会认为你在背后对他有所图谋。所以，跟偏执型人格者相处，一定要保持定期的联系，不用表现得太过亲近，只要正常接触即可，这样有助于他们重新正视你，平复脑海里那些无厘头的想象。

PART 12

边缘型人格
被抛弃的恐惧,让我歇斯底里

只有当我们愿意承受打击时,我们才有希望成为自己的主人。

——卡伦·霍尼

天使与魔鬼之间

艾米的手臂上，留有不少刀割的疤痕，都是她自伤的印迹。

最近的一次自伤，是因为工作方面的问题。28岁的艾米，原在一家广告公司担任文员。新来的部门经理颇具才华，学设计出身，深得大老板赏识。艾米很欣赏这位新上司，但凡他交代的事情，艾米都很认真地去执行，部门里其他同事不愿意去做的工作，艾米也会接过来，她很希望自己能得到新上司的认可。同时，艾米也会不停地向周围人赞扬这位新上司。

随着业务量的增加，新上司觉得还需要一位助理专门负责项目前期的沟通问题，于是他就把销售部的琳娜调了过来，因为琳娜的英文沟通能力比较强，处理邮件或电话都得心应手。如此一来，艾米原来的一些工作就被琳娜接替了，她只需负责行政方面的事务。

对于这样的安排，艾米十分不满，且内心充满了愤怒。她有点忌妒琳娜，在她看来，经理助理的职位比普通文员要高一些，而她更有资格去担任这个职位。更重要的一点是，担任助理可以有更多的机会和新上司直接沟通交流，成为他最信任、最得力的下属。特别是看到新上司带着琳娜参加产业发展交流会，她更是怒火中烧，有一种被无视、被抛弃的感觉。

自从调职的事情发生以后，艾米总是在办公室里"摔摔打打"，摆出一副难看的脸色，很小的一些问题都会惹得她大发脾气。她还经常在言语上挖苦琳娜，人为地给琳娜的工作设置障碍，在交接工作时故意删掉某些文件或是弄混信息，目的就是想让琳娜在新上司面前落得一个办事不力、能力欠佳的印象，然后重拾她和新上司的关系。

职场里容不下个人的任性，艾米对琳娜的报复愈发频繁且过分，这些行为也被其他同事看在眼里，谁都能看出来她的刻意刁难。结果，艾米被人事部约谈，以补偿一个月工资为条件，将其解雇。这次失业的打击，让艾米觉得无力承受，歇斯底里之下又选择了自伤。

事实上，这已经不是艾米第一次在职场里遇到波折了。之前的两份工作，情况也和这次差不多，都是以崇拜和亲密开始，以打击报复某个她认为忽视她或背叛她的人结束。有一次是不声不响地离开公司，还有一次是和领导闹翻被解雇。

艾米不只是在工作方面如此，在感情方面更是阴晴不定，对男友忽冷忽热。前一秒，她还表现出极其体贴的一面，紧接着就开始无缘无故地发脾气，男友根本不知道发生了什么。当男友提出分手时，她就会自伤，崩溃地给对方打电话："我真的很害怕，你现在就过来，我受伤了。"当男友出现后，艾米开始哭泣，恳求他不要离开。

2年来，艾米一直在接受心理治疗，但也和在工作与感情方面的情形类似：这一次兴高采烈地说自己已经好了，完全没有问题了，可以停止心理治疗。没过2周，又开始预约治疗师，告知她自伤了，很需要找个人聊聊。

稳定的"不稳定"

当我们深爱的恋人决定离开，结束这段关系时，我们会感到痛苦；当我们一心追随的领导器重他人，对我们的努力和付出视而不见时，我们会感到失落；当我们最为看重的朋友把别人视为知己时，我们会感到很受伤，似乎真心被辜负了。在这样的处境下，我们可能会忍不住心生怀疑：是不是我真的不够好呢？

不过，随着时间的推移，这种被伤害的愤怒和不甘会慢慢消退，绝大多数人最终都会选择接受现实。即便恋人选择了分手，领导对自己不够重视，朋友没有将心比心，也不会向他们发起攻击、歇斯底里，或是进行打击报复。我们可能会告诉对方自己的真实感受，让他们了解自己在整个事件中所受的伤害，同时向他们传递自己的需求，即渴望继续维系这段关系或是得到更多的关注。但我们还是能够接受一个现实，恋人和朋友不可能完全被我们独占，他们也有自己的空间和自由；领导也不可能只重视我们一人，团队协作才能让公司走得更远。

然而，在艾米身上我们看到的是，她一心渴望成为新上司最信任的人，在感情中也希望独占恋人。稍有风吹草动，就会臆想到自己被抛弃、被孤立、被分手、不被重视和关爱，情绪也来了180度的大转弯，或是暴怒和报复，还会抑郁或自伤，让身边的人摸不着头脑，甚至无所适从。

和艾米这样的人共事或恋爱是很辛苦的，她身上暴露出了边缘型人格的特质。当这种人格严重到成为一种障碍时，不仅会损伤个体的自我，还可能会损伤他人的自我。通常来说，当出现下列行为中的 5 种或 5 种以上时，就可诊断为边缘型人格障碍：

· 情绪极度不稳定。边缘型人格者的情绪在一天乃至一个小时中，可能会有多次的起伏波动。患有双相情感障碍的人也会有情绪之间的极端切换，但抑郁和躁狂的更替周期比较长。相比之下，边缘型人格者的情绪切换十分迅速，简直就像龙卷风。

· 疯狂地避免被抛弃，无论是真实发生的还是臆想的。比如：当恋人想独处时，当朋友和其他人交心时，他们会变得烦躁不安，试图去吸引并操纵对方，避免让他们离开自己。

· 难以形成稳定且持续的关系。在人际互动或亲密关系中，他们总是忽冷忽热，前一秒可能还把他人理想化，后一秒就把他人贬得一文不值。他们的幻想很容易破灭，一旦别人没有达到自己的预期，就会失望、愤怒。

· 冲动易怒到几乎无法控制自己的程度。边缘型人格者就像活火山，经常毫无征兆地就爆发情绪。当他们感觉自己被抛弃时，就会被委屈、惊恐、愤怒等情绪淹没，从而失去自我控制。这个时候，冲动行为往往就会发生，如疯狂地刷信用卡、暴饮暴食、药物滥用，或是用自伤、自杀来威胁对方不要离开自己。

·持续变化的自我形象。边缘型人格者的自尊水平，以及对自我的认知，完全取决于和他人的关系，经常会在理想化和自我贬低之间切换。比如，和恋人在一起时，自我评价很好，甚至觉得"我是最幸福的人"；一旦和恋人分离，就认为自己一无是处，陷入到极度的自我厌恶中。

·重复而戏剧化的自伤或自杀，威胁对方不要离开。比如：当恋人表示和他们在一起很辛苦，想要结束这段关系时，为了阻止对方的离开，边缘型人格者就会嚷嚷着要结束自己的生命，以自伤或自杀的方式来避免被"抛弃"。

·害怕被单独留下，哪怕只是一会儿，被抛弃的恐惧感也会让他们无所适从。

·毫无缘由地暴怒，总是乱发脾气。当自身的需要得不到满足（如不能得到陪伴、重视、欣赏或顺从），或被单独留下时，就会大发雷霆。

不难看出，"不稳定"是边缘型人格最稳定的特征。不过，上述的这些特征在现实中并不是很容易被察觉，通常只有经验丰富的临床医生才能正确地诊断出边缘型人格障碍。有些人在生活中会以比较轻微的方式表现出上述的某些特征，注意并不是全部。对于这类人，只能说他们具有边缘型人格的特质，不能随意地给对方贴上一个"边缘型人格障碍"的标签。

并非生来如此

边缘型人格者之所以会表现出这样的行为模式,主要是他们的内心有一个信念:如果留我单独一人,没有人关心我,最糟糕的状况就会发生在我身上。所以,我必须要竭尽全力留住身边的重要他人,我要确保他们不会抛弃我。一旦他们抛弃了我,我就要让他们付出代价。

是什么原因让边缘型人格者产生了这样的信念?或者说,边缘型人格是怎么形成的呢?

相关研究显示,基因与脑区异常都是边缘型人格形成的原因,但多数边缘型人格者并非生来如此,父母的行为模式、早年经历过创伤性事件,对其人格形成有着密不可分的联系。

如果父母本身具有边缘型人格者的特质,他们的行为模式就会潜移默化地影响子女,但这种人格是否具有遗传倾向还有待证实。比如开篇案例中提到的女孩艾米,其母亲就有边缘型人格的特质,她说:"在我的印象中,家里没有过温馨的时候,不是嘶吼吵闹,就是僵持冷战。我妈妈这个人很自我,还特别情绪化。我要是考了不错的成绩,她就满脸欢笑地夸赞我，让我觉得自己可优秀了；一旦我犯了错，不能满足她的期待，她就会摆出一副没有表情的脸，一连几天都不和我说话。"

多数边缘型人格者早年经历过与养育者的分离，没有建立安全的依恋关系。早年体验到的孤独、被忽视、被抛弃的感觉，会让他们对分离产生严重的恐惧心理。成年后，他们为了避免再次经历早年的体验，就会不惜一切代价阻止重要他人的离开。另外，现实中被诊断为边缘型人格的人，其中有不少人在儿童期遭遇过家暴或性侵，这样的经历与之后来发展成边缘型人格有很强的关联。

缺席不意味着抛弃

边缘型人格是一种人格特质，它不需要被彻底根除，但要警惕和减缓这一人格特质在现实生活中造成的负面影响，如情绪和思想的极度不稳定、行为冲动鲁莽、攻击性行为等。倘若觉察到了自己有边缘型人格的特质，该如何进行自助呢？

重新获得客体恒常性，理解缺席不意味着抛弃

被抛弃的恐惧是边缘型人格者内心最大的软肋，一旦有了这种感受,无论是真实的还是臆想的,就会体验到强烈的不安全感,继而引发情绪波动、自体不稳定、频繁的关系冲突。这与早年的经历有关,由于没能够与一个同频的、在身边的、滋养型的养育者建立健康的依恋关系,没有发展出信任感与安全感,他们内化了一个信念:世界很不安全,分离就会留下我一个人,这太可怕了。

普通人都知道,即便亲人不在身边,他们内心依然记挂着自己;即便爱人没有即刻回复消息,或是提出想独处一天,也不意味着他不爱你或想离开你。短暂的缺席不意味着消失或抛弃,只是暂时地离开而已。

边缘型人格者由于早年遭遇了依恋创伤,情感发育迟缓,过多地停留在一个脆弱的时期。所以,任何的分离,都会触发他们再次体验到被抛弃、被拒斥、被贬低的痛苦。恐惧会触发求生应对模式,如否认、粘人、回避、报复,以此来避免被抛弃、被伤害的可能。

了解了这一层的原因,有助于边缘型人格者更好地理解自身的行为模式。当潜意识里的东西被意识化以后,情绪感受就能够更好地被觉察并接受调整。边缘型人格者需要依靠自己的力量,重新获得客体恒常性,也就是要明白一个道理:没有哪一段关系和哪一个人是完全好或不好的,对于自己和他人,无须用非黑即白的方式去看待。恋人之间难免会发生冲突,但这并不意味着不爱对方;有时伴侣需要独处的空间,但这并不意味着他要抛弃你;就算有一天对方想结束这段关系,也不代表我们不够好，只是两个人在价值观、需求等方面不匹配，各自选择了不同的人生道路而已。

挑战不理性的"被抛弃感"，重新解构"负面"事件

当"被抛弃感"出现时，边缘型人格者要学会跟自己进行理性对话。

• 现实情境：男朋友告诉我，朋友邀约他周末去爬山，他没有提出带我一起去，我感觉自己对他来说好像并不重要，周末只剩下我一个人，我很难受。

• 理性对话：有什么证据能说明我对他不重要？他只是和朋友去爬山，正常的社会交往是他的权利，爱情固然重要，但朋友也很重要，每个人都需要社会性支持。

• 调整思维：周末他不能陪我时，我也要给自己安排一些事情，不能总想着孤独。

当生活中出现一些"负面"事件时，边缘型人格者习惯本能地迅速作出"负性判断"，这种思维模式是需要调整的，具体的做法就是，把事件和情绪分开，重新解构"负面"事件，并加强对"正向"反馈的觉察：

• 负面事件：早上我和领导打招呼时，他表现得很冷淡。

• 负性思维：他是不是对我有意见？嫌我工作做得不完美，想把我炒了？

• 重新解构：他是不是遇到了什么麻烦，心情不太好？或者正在思考问题？

- 正向反馈：早上领导一脸冷漠，但上午交代任务的时候，他的语气很温和，还透着一丝幽默。也许真的是我多虑了，感受不一定是事实，担忧的情况并不一定会发生。

在对"负面"事件进行解构时，边缘型人格者可能会遇到一个问题：没有办法从自身的经验中找到充分的、正向的"证据"，让自己变得冷静和安心。这个时候，疑虑和焦躁就会涌现，怎么办呢？最好的解决办法就是，直接去和对方沟通。

- 负面事件：给朋友发微信，她两天都没有回复。
- 内心疑虑：她不关心我，根本就没把我当朋友，我既寒心又生气。
- 直接沟通：告诉朋友"我一直在等你消息，你迟迟没有回复，发生什么事了吗？我这两天总在琢磨，你是不是对我有什么意见？"
- 获得反馈：一天之后，朋友告知，她工作上出了点问题，心情不太好，没有看微信。

尝试与稳定的人建立关系，重塑或矫正早年的情感体验

人一出生就在追求稳定，在稳定的基础上，才能发展出其他的能力。边缘型人格者早年的稳定性被打破，这种在关系中形成的问题，最终还是要回归到关系中来修复。所以，边缘型人格者可以尝试和稳定的人建立关系，重新"长大"一次。

这个稳定的客体是谁呢？可以是情绪稳定、人格健全的朋友或伴侣。如果身边没有合适的人，寻求心理咨询师的帮助也

是一个很好的选择。在固定的时间、固定的地点，去见一个固定的人，他不加评判地理解你，理解关系中的冲突和伤害，这样的环境在某种程度上还原了早年稳定的母婴关系，在相处中体验到正确的互动方式，重塑思维模式，可以帮助边缘型人格者重塑早年的情感体验，慢慢地做出改变。

与边缘型人格者相处的法则

保罗·梅森和兰迪·克雷格曾在其合著的《亲密的陌生人》中，这样形容边缘型人对其亲友的影响："与边缘型人一起生活，犹如处于质量不好的高压锅之中，锅壁薄而阀门不灵；与边缘型人一起生活，犹如处于持续的矛盾体中，似乎冲突与麻烦没完没了；与边缘型人一起生活，犹如处于洗衣机之中，周围的世界飞速旋转，搞不清前后左右、东西南北。"

确实如此。也许，前一秒的他还是一副柔情似水的模样，顷刻间却面目狰狞地想要把你撕成碎片；也许，初相识时他大肆称赞你才华横溢，没过多久却把你贬损成卑鄙小人。这就是边缘型人格者在生活中的真实写照，和他们在一起让人心力交瘁、如履薄冰，可如果现实要求我们不得不面对这样的人，该怎么做才能让自己和对方都好受一点呢？

在上述提到的《亲密的陌生人》一书，以及兰迪·克雷格的专著《不再如履薄冰：如果关心的人有边缘型人格障碍，你要如何掌握自己的生活》中，都提供了一些实际的建议。概括总结来说，以下的几点相处法则可供借鉴和参考：

相处法则 1：
保护好自己的边界，避免被边缘型人格者操控

边缘型人格者总是会不断地用各种方式挑战并试图突破你的边界，他们习惯和别人粘在一起，且非常擅长操控他人。比如，他们会用这样的方式来威胁他人："你最好现在就过来，不然我就割腕。"面对他们的威胁或诱惑，坚持自己的边界很重要，这也是帮助他们的前提。你可以用温和的方式告诉他们："虽然我不能答应你的要求，但这并不意味着我不在乎你，更不代表我抛弃了你。"

相处法则 2：
停止对边缘型人格者的责备，他们也希望自己好起来

边缘型人格者习惯自责，但这种自责不是"我这件事情做错了"，而是"我就是个错误"。这种信念并不容易纠正，所以当你听到他们说类似的话时，不要责怪他们，因为他们比任何人都更希望自己能快点好起来。

兰迪·克雷格曾经有一个边缘型人格的男友，她深受伤害。

为了帮助和自己有同样遭遇的人，她参与撰写了《亲密的陌生人》这本书，并创建了一个帮助边缘型人格障碍患者的网络，和一个边缘型人格者亲友在线的自助团体。在了解了许多边缘型人格者与其亲友的人生故事后，她如是写道：

"我第一次体会到了前男友的感受，曾经让我难以理解的那些行为都有了答案。第一次我真切地明白那些年他莫名其妙的情绪爆发，其实不是针对我，而是他既羞愧又极度害怕被抛弃而导致的。当我明白他也是一个受害者时，我的愤怒有一部分转化为了怜悯。"

相处法则3：
成为一面可以反射的"镜子"，而不是吸收痛苦的"海绵"

在和边缘型人格者相处时，许多人会像海绵一样吸收他们的痛苦，认同他们不合理的要求和责难。这种做法对边缘型人格者是无益的，正确的做法是成为一面可以反射的"镜子"，把他们的痛苦反射回去，让他们为自己的情绪和行为负责。

要知道，边缘型人格者的愤怒、指责、怪罪，都是希望你替他们感受痛苦。当你成了一面"镜子"，把这些痛苦反射回他们那里时，他们会采取反抗行动，试图让事态按照他们的预期发展。这个时候，你要做的是不带争论地回应："那是你的选择""等我们冷静下来再谈""我们都不是坏人，只是看法不同而已""我知道你不喜欢这样，不过凡事都可以商量""我知道你现在就希望我站在你面前，但我需要时间考虑"。

相处法则4：
提供稳定感，保护边界的同时又不抛弃离开

稳定感的重要性无须赘述，边缘型人格者早年的创伤经历使得他们没能形成稳定的人际互动图式，成年后虽然无比渴望稳定感，却不知道该怎么去做。这时，作为他们的朋友或伴侣，不妨陪伴他们一起去探索和面对他们的"不稳定"，在保护自己边界（让他们知道你的底线，学会对他们说"不"）的同时，又做到不抛弃他们，这对重塑他们的情感体验至关重要。如果可能的话，建议他们去寻求心理咨询师的帮助，毕竟心理咨询师受过专业的训练，在稳定和严格的咨询设置下，能够最大化地帮助边缘型人格者获得疗愈和成长。

PART 13

反社会人格

不动声色,就能将你的生活毁灭

唯有认清黑暗,我们才能真正走向光明。

——玛莎·斯托特

行走在身边的恶魔

林莎是一个性格外向的女人,且十分地自信。初次见她的人,都不禁会被她的魅力吸引,但随着交往的深入,人们发现她冷血自私、完全不考虑他人,品行与外表所展示出的样子大相径庭,就选择了敬而远之。所以,林莎基本上没有什么交心的长期好友。

3年前,林莎结婚了,丈夫是一位企业中层管理者,收入还算不错。不过,他似乎并没有觉察到,自己的妻子存在行为方面的问题。林莎经常向亲属朋友借用东西,但很少主动归还,倒不是想侵占别人的物品,就是懒得去还,嫌太费劲儿。

社区里有一家商店,林莎经常去光顾。不过,她的目的不是买东西,而是用自助机买完东西后,在线上平台反馈产品有问题,然后等待平台退款。她说,这些商品本来就不值那么多钱,让他们退钱是应该的。相熟的邻居听到她的这番言论后,都觉得很不舒服,也惊诧她为什么做了这样的事也不觉得羞愧。

从二十几岁开始,林莎就没有固定的工作,一年至少有半年都处于失业状态,结婚后更是把工作当成可有可无的事物,没有想过为家庭承担经济责任。她不在意这些事,也不去想这种状态能持续多久,将来会如何。丈夫由于工作忙,特意托朋友给林莎买了一只宠物狗,可才养了 2 个月,小狗就去世了,原因是林莎出去旅行,没有给小狗准备食物和水。

爱人对林莎还是不错的,但这依然没有阻挡她引诱其他异性的欲望,因为她根本不爱丈夫,和他结婚也只是看上了他的赚钱能力,而且清楚地知道对方会容忍她、包涵她的一切。

没有结婚之前,林莎交往过多个临时男友,往往是在发生一两次关系后,就去寻找下一个目标。如今,虽是已婚人士,可她依然没有收敛,竟然引诱丈夫的朋友。他们住在同一个社区。在跟对方私会时,她暗中嘲笑自己被蒙在鼓里的丈夫是个笨蛋,也全然不顾情人的妻子就住在相距 100 米远的另一栋楼里,而对方还把她当成朋友。

谁能想到,谁又敢相信:一个如此美丽的女子,竟是行走在身边的恶魔?

当良知沉睡

美国知名临床精神病学专家玛莎·斯托特博士有一本书,名叫《当良知沉睡》。哪怕只是简单地看一下它的介绍,就会明白林莎的所作所为,很符合反社会人格的行为模式。我们在这部分的内容中,会引荐玛莎·斯托特博士在本书中的一些观点和建议。

坦白说，所有人几乎都有反社会冲动，比如：在某些时刻差一点儿就撒谎、出轨、逃票；或是欺骗过伴侣，私自用公司电话打长途；抑或是找借口掩盖自己的错误。只是，我们并不经常这样做，且能够认识到这样的行为是不对的，它有可能会给他人造成伤害或损失。这种意识，以及基于情感附加的义务感，就是玛莎·斯托特博士所说的良知。绝大多数人天生就拥有良知，但反社会人格者比较特殊，他们的良知处于沉睡的状态。

很多时候，提到反社会人格，我们第一时间想到的就是灭门惨案、连环杀人案的犯罪嫌疑人，但事实证明，犯下谋杀罪的嫌疑犯中有很多人并不是反社会人格，而一些看似家庭美满、事业成功、从未犯下暴力罪行的人，却可能有着反社会人格，这类人占总人口的4%。

非暴力型反社会人格者的恐怖之处在于，他们在许多方面都与常人无异，你很难觉察他们的行为模式。可他们的确是生活中最接近"恶人"这一概念的人，欺骗、漠视、掠夺、质疑和贬低他人的权利与感受，只为获得自己想要的东西，且从来不会为此感到内疚。

那么，如何辨认出生活中的反社会人格者呢？根据《精神疾病诊断与统计手册》，如果一个人拥有以下3个或3个以上的特征，在临床上就可以被诊断为具有"反社会人格障碍"：

· 无法遵守社会规范。

· 反社会人格者无法忍受大多数的社会规则，如交通规则、商业规则，乃至法律条文。他们感觉这些规则完全是约束和控制，无法从中获得安全感，因而经常会恶意打破规则。

· 惯于欺骗和操控他人。

· 反社会人格者会经常性、习惯性地说谎，欺骗并阴险地利用伴侣，擅长操控身边的人来达到自己的目的。

· 惯常推脱和不负责任。

· 反社会人格者是没有良知的，也没有附加在情感上的义务感，所以他们永远不会去承担自己应负的责任，而是想尽办法去找借口推脱。即便是他们伤害了别人，也会质问对方："你为什么要出现在那里呢？""你为什么要招惹我生气？"

· 易怒且具有攻击性。

· 受到挫折的时候，反社会人格者习惯大发脾气。

· 行事冲动，无法提前做出计划。

· 反社会人格者控制不住冲动，想得到什么东西，立刻就要得到。

· 不顾及自己和他人的安危，伤害、虐待他人或偷窃后没有任何负罪感。

· 总而言之，辨别出反社会人格者并不总是一件容易的事，因为他们不都是危险的、暴力型的罪犯。相反，他们很擅长说服和诱惑，甚至很会"看人"，知道谁好欺负、好控制、好欺骗，会在适当的时候装可怜，也会在需要的时候扮演正义的化身。

反社会人格的成因

很多人可能难以相信，反社会人格者并不都是印象中的"连环杀手"，他们是在很多方面看起来再正常不过的普通人，甚至比一般人表现得更合群、更值得相信。一旦你放松了警惕，允许他们进入你的生活，由于应对这种行为模式的经验不足，你就无法很好地保护自己。大量事实证明，许多曾经被反社会人格者欺骗、利用和背叛的人，始终都没有意识到过去经历的是什么，反而不停地责备自己，认为是自己不够好。

有一个问题大家都很关注：反社会人格者能被治好吗？

很遗憾地回答：不能。

通常来说，反社会人格者只有在自身陷入诉讼危机的时候才会去寻求治疗，并且强迫治疗师帮助他们得到理想的诉讼结果，他们并不是想要改正自己的行为。让反社会人格者去接受心理咨询或治疗，情况轻微者或许有可能实现，对中度或中度的反社会人格来说几乎是不可能的，因为他们害怕亲密关系，也相信自己的行为没有问题，错误全在他人身上。即便是坐在咨询室里，他们也会试图吸引咨询师，或与之进行"智斗"，来获取主导的地位。

那么，反社会人格究竟是怎样形成的呢？

对于这一人格的成因，到底是基因决定还是环境影响，尚无定论。比较可信的解释是，反社会行为是遗传、成长和环境因素相互作用的产物，有一两个可辨识的生理因素。遗传因素我们无法左右，但是成长和环境因素却是可以进行人为干预的。

调查显示，反社会人格者大都有着相似的童年经历，如曾经遭遇过情感剥夺、虐待等。童年的精神创伤、糟糕的家庭关系、错误的家庭教育方式以及不良的外部环境，都对反社会人格的形成有重要影响。临床心理学家也发现，反社会人格不是突然出现的，很多都是在孩童或年少时期就有所体现，如任性、偷窃、逃学、离家出走和对一切权威的反抗行为，或过早出现性行为、性犯罪，有酗酒和破坏公物、不遵守规章制度等不良习惯。

这也给我们提了一个醒，当孩子表现出上述的相关特点时，一定要及时地干预和引导。李玫瑾教授在讲解反社会人格的时候，分享过一个相关案例：20世纪80年代，一位民警为了更好地管理罪犯，专门去学习和研究犯罪心理学方面的知识，结果发现自己的孩子就有反社会人格的倾向。为此，他辞掉工作，每天陪伴孩子，帮孩子度过了危险期。

需要说明的是，不要因为孩子出现了撒谎、争吵的行为，就给孩子贴标签，这对他们是一种伤害。即便确认孩子是反社会人格，也不要认定他们将来一定会走上犯罪的道路，这可能会加剧孩子的恶劣行为。

与反社会人格者相处的法则

无论在职业生活还是感情生活中，如果有可能的话，尽量远离反社会人格者，因为他们的行为模式是极端有害，且难以改变的。所以，在面对反社会人格者时，要掌握一些自我保护的法则，避免被他们的外表迷惑，或是被他们的谎言操纵。

玛莎·斯托特博士在《当良知沉睡》一书中，提到了在生活中应对反社会人格者的一些法则，实用性很强。我们在此与大家分享其中的一部分，希望能够提供有益的帮助：

> 相处法则1：
> 不要欺骗自己说反社会人格者会改变

反社会人格者没有良知，这是一个必须承认的事实。如果你决定继续和具有反社会人格行为模式的人一起共事或生活，那么请把这一条当作最高法则，并降低你的期待。你不要相信他们，也不要盼望忠贞和坦诚。和他们在一起时，你必须加倍地提高警惕，保持防人之心。他们是很难改变的，别枉费力气去矫正他们，那不是你的使命，你的使命是保护好自己。

相处法则 2：
做判断时考虑自己的直觉

不要因为对方是教师、医生、领袖、慈善家，就认为他们不会是反社会人格者。当直觉告诉你，他们的行为模式可能存在反社会人格的倾向时，要尽可能地进行检查核实，搜集事实。这可能需要一定的时间，因为他们是伪装高手，常常让你相信，你以为正在发生的事情其实并没有发生。

相处法则 3：
用"事不过三"的原则检验

当你考虑与某个人建立一种全新的关系时，可以用"事不过三"的原则去检验对方的观点、承诺和责任意识。如果对方屡屡失信，那么请及时止损，别再浪费自己的感情和金钱。

相处法则 4：
不要被拍马屁的谄媚迷惑

人人都喜欢听赞美的话，尤其是出于真心的赞美。然而，谄媚不是真心的赞美，它总是和操控捆绑在一起。所以，提防拍马屁的话，如果被想要操控你的反社会人格者吹捧得头脑发热，你很可能会做出愚蠢的事。

相处法则 5：
切忌与反社会人格者纠缠不清

反社会人格者很擅长玩阴谋诡计，不要试图跟有魅力的反社会人格者竞争，或是在智力上胜过他们抑或是对他们进行精神分析。那样的做法，可能让你陷入危险之中。另外，如果有人激怒你、一再地欺骗你，或者是暗中伤害你，不要妇人之仁，反社会人格者往往会利用他人客气有礼的态度而获益。

相处法则 6：
不要出于同情替反社会人格者保密

当你发现身边的某个人是反社会人格，他可能会咬牙切齿地警告你"不许说出去"；也可能会一把鼻涕、一把泪地装可怜，祈求你"不要说出去"。不要出于同情或其他理由，同意替他们保密，他们是在迷惑你。你要做的是警告其他人，远离身边的恶魔。

相处法则 7：
不要对所有人都丧失信任

如果你有过和反社会人格者相处的悲惨经历，你可能会因为创伤不愿意再付出信任，甚至认为这个世界上没有人道存在。这样的心情可以理解，但还是希望你尽量客观地去看待事情，因为绝大多数人都有良知，也是可信的，只是你需要一点时间重建信任。别急，慢慢来就好。

后 记

碍于时间和篇幅，只好就此落笔。遗憾的是，还一些人格类型没来得及详细介绍，如依赖型人格、分裂型人格、施虐型人格等，但生活中比较常见的、能在多数人身上体现出的人格特质，我们基本上都做了介绍，做这样的取舍也是为了更好地发挥本书的实用价值。

作为一名执业心理咨询师，在撰写本书的过程中，出于谨慎和敬畏，我在结合实际工作经验的同时，也参阅了大量的人格心理学专著，如《隐形人格》《变态人格心理学》《披着羊皮的狼：如何与控制型人格相处》《无处不在的人格》等优秀作品，尽量详尽地把每一类型的人格特质解释清楚，让没有心理学基础的读者也能够读懂并运用到生活中，更好地了解自己、了解身边的人，同时提高对危险人格者的辨识力，保护自己免受伤害。

由于水平有限，可能会在撰写过程中存在一些疏漏和错误，欢迎读者批评指正！